環境から解く古代中国　　正誤表

頁	行	誤	正
22	14	稱彼兕觥　萬壽無疆七月	稱彼兕觥　萬壽無疆____
89	ｷｬﾌﾟｼｮﾝ	宮田美智江氏	富田美智江氏
94	11	渟沱	嘑沱
194	9	用うる	用ふる
255	1	坂本要一所長	阪本要一所長

［あじあブックス］
065

環境から解く古代中国

原　宗子

大修館書店

はじめに

環境という観点に立ってみて、比較的よく知られた中国古典の背後に、どんな物語・どんな謎が潜んでいるか探り、そして、それをいかに解き明かせるか考える試みが、本書の内容です。

なぜ、こんなことを考えたかといいますと、一つには、地球全体の環境史を綴ってゆくのに、中国史は、最も特色ある「史料提供者」だからなのです。

四大文明なんて言葉はしばしば耳にしますが、エジプト・メソポタミア・インドのどこも、古代文明を担った人々は、歴史の表舞台から消えました。それどころか、エジプトとメソポタミアでは、古代文明の跡地そのものが砂漠と化しています。ところが中国では、古代文明を築いた人々の用いた言語が、ほぼ同様の文法で今も残ります。文字はむろん変化していますが、専門的技法を身に付ければ、それらが現在のどの文字にあたるか突き止められます。ですから、文字の発生以来、それが書かれた時代の環境を示すデータが、連続して残っているわけです。そして中国大陸は、昨今いかに砂漠化の危機が迫ろうと、膨大な人口をともかく維持し続けている生活空間で、近年では経済面でも再び発展し始めました。いわば、中国文明は、唯一滅びなかった古代文明なのです。

もっとも、海に囲まれ、いまなお七割ほどの森林面積を擁する日本列島で、澄んだ水をふんだんに使って暮らす私たちには、人口維持など当然に思われるかもしれません。が、これは、地球全体の歴史から見れば、極めて珍しいケースだというべきなのです。

中国大陸は、なぜ、人間の居住可能な環境であり続けられたのでしょう。

もう一つ、中国史、あるいは人類史の「常識」でもあるかのように、よく見かける記述が幾つかあります。例えば、「農業生産力が向上して余剰物資ができると、貧富の差が生まれ、余剰を交易する商業が発展した」とか、「中国は農耕民族の国であるが、しばしば遊牧民の侵入を受けた」とか、なかには「人類は、女系制社会から男系制社会へと変化した」なんていうものも……。

これらについては、現在、色々な角度から見直しが進んでいます。二十世紀後半になって中国で続々と発見された新出土資料が、従来の「常識」を書き換えている面も大きいのですが、それだけではないようです。西欧近代で成立した「国民国家」の歴史像として描かれてきたものが、本当に、人類に「普遍的」な歴史の流れだったでしょうか。今日、世界各地で、「国家」という枠組みと摩擦を生じている人間集団が存在することは、「平和」な日本に暮らしていても入手できる情報です。そんな「国家」を形成していない人々の歴史は、どう描けばいいのでしょう。また、古代の人々が交易したモノは、本当に「余剰」だったのでしょうか。さらに、一口に「男女差別」といっても、世界各地で様々なバリエーションがありますが、それはなぜでしょう。近年の歴史「見直し」傾向は、こういった疑問を抱く人々が増えてきたことにも拠るものと思われます。

そして、このような諸問題を冷静に再検討してゆくには、各地の人類の活動がどのような自然環境の中で行われたのか、その自然環境は人類の営為によって、どう変わったか、そしてその変化は、以後の人類の歴史にいかなる影響を及ぼしたのか、といった、基礎的な当たり前の観点、つまり環境史の視野から見直すことが有効になるのではないか、と私は考えているのです。

こういう視点で歴史を見ることは、実は過去にも優れた歴史叙述においては、なされています。が、この立場で実直に歴史事象を眺めてゆくと、実に多様なパターンが出現してしまい、そう簡単に「普遍的法則性」になど、行き着き難いのが実状です。でも仕方ありません。こういう問題をあせらないで一つ一つ解決してゆくにも、前述したように継続的データを得られる中国史、というフィールドは、とても豊かな「ヒントの宝庫」だといえるのです。

なお、付言しますと、「環境」という言葉は、現在日本で、二つの用語の訳語として用いられ、環境史についても、Environmental history とするか、Ecological history とするか、の議論があります。Environment は、人間を取り巻く周辺、とでもいった意味で、環境を考えるに際して、主体はあくまで人間にあります。Ecology の方は、生態と訳される場合も多いように、地球上（当面は、です。いつかは宇宙空間にも広がってゆくでしょうが）の全ての生物について、その相互連関を客観的に整理し理学的に分析する見方です。人間―ホモサピエンスも、生物の一つとしてのみ位置づけます。そこで中国では、最近「生態環境史」という折衷的な用語が増加しています。

私は前者の立場を取っています。Ecology の考え方は、データの整理時には大変重要です。が、この立場を突き詰めて厳密に分析してゆくと、どの地域、どの時代についても、そこで繰り広げられた Ecological history は、結局、同じ植生遷移や土壌劣化、さらには窒素循環や熱量収支の類型に行き着いてしまいます。それはいわば当然で、エコロジカルな観点の基盤が理学である以上、地点や時系列に拘りなく、現象の因果関係が説明できるのでなければ科学とはいえません。が、そのような因果関係だけを、個別の歴史事象の説明に用いるなら、どの土地の、どの時代の出来事を取っても、結局、金太郎飴の輪切りの如き歴史を述べることになる、と思われます。

実態としての各地の人類史には、様々なパターンがありました。自然環境変化の原理は普遍的であっても、それに人間が如何に関ったかは様々だったからです。そこで、文字に書かれた資料を前提として成り立つ歴史学では、エコロジカルな分析でそれらを読み解いた後、歴史事象の叙述としては、やはり人間の営みを視座の中心に据えた Environmental history として記さざるを得ない、と考えているのです。

このような見通しの下で、本書を記しました。

興味を持って戴ければ幸いです。

目次

はじめに　iii

本書中の主な史跡位置略図……2

第一話　「象」という字は、なぜできた？——殷周期の気候変動……4

漢字が映す動物たち／温暖だった華北／殷王の狩猟の記録／犠牲と酒

第二話　「七月」が詠う冬支度——西周期の黄土高原……18

『詩経』の中の〝数え歌〟／豳風（ひんぷう）とは／住まいと食べ物／衣服

第三話　孔子の愛弟子・子路のバンカラの秘密——春秋〜漢の毛皮観……37

毛皮を着る人・着ない人／毛皮コート作りの専門集団／
「末業（まつぎょう）」と呼ばれて／禁苑の野獣ランク／
『礼記（らいき）』玉藻（ぎょくそう）の動物観／狐狢って何？

第四話　「株を守る」のウラ事情——戦国期中原の開発と鉄器 …… 57

なぜにハタケに木の根っこ／宋という国柄／春秋初期の耕地整備
ウサギはどこから？／東アジア農業の「大変」さ／
「株を守る」の出現条件

第五話　ホントは怖い(?)「一村一品」政策——春秋～漢代の斉の特殊性 …… 74

古代の居住空間／斉の自然環境と社会構成／
『管子』が語る斉の国造りと衣類／軽重の策／孟軻の斉国滞在と観察／
『管子』思想の影響

第六話　合従連衡は、異文化同盟？——戦国秦漢期、北方・燕の環境……92
弁舌で作る天下の形勢／お世辞の中身／「黄腸題湊（こうちょうだいそう）」／
漢帝国初期の多様な環境／交易された品々／合従策の実態

第七話　スパイ鄭国（ていこく）の運命——秦の中国統一と大規模灌漑……108
「統一」事業完成のいきさつ／「澤鹵」の出現した場所／古代の「環境破壊」／
「澤鹵」利用法の逆転ウラ技—イナ作／鄭国のラッキーポイント

第八話　司馬相如（しばしょうじょ）のカノジョはイモ娘？——秦漢期・四川に生きる心意気……126
オシャレ文士のバツイチ獲得作戦／卓文君の実像は？／卓文君のご先祖／
卓氏のもくろみ／鉄作りで生きる条件／イモから生まれた卓文君

第九話　「公共事業」は昔も今も……――漢・武帝期の大規模灌漑と後遺症　……142
ドロは確かに肥沃だけれど……／畑作灌漑の盲点―再生アルカリ化／
代田法―再開発の秘策／白渠の記載の意義

第十話　〝帰順〟匈奴のベンチャービジネス
――漢代の「ペットボトル」と大狩猟イベント……154
古代中国の携帯容器／『氾勝之書』の農法／匈奴と漢の関係／
藁街の住人たち／多肥料農業の経営者／ヒョウタンで稼ぐ、という発想

第十一話　海と女と酒と「叛乱」――王莽・新の税制と環境　……172
海が支えた日本の農業／海の男のサボタージュ／王莽の新規税制／
「海に入る」呂母たち／「海辺」の色々／呂母の出自

第十二話　戦国男の夢実現（?!）——漢代シルクロードを支えた「内助の功」……190
孟子の理想社会／秦漢期男性の家事能力／桑弘羊の経済政策／精耕細作と擬似森林／絹織物生産普及の余波

第十三話　曹操も手こずった黄河の凍結——魏晋南北朝期の気温変化と戦法……205
『三国志』の舞台は寒かった／曹操の勢力確立／黄河凍結／寒くなって移動した人々／気温変化が変えた暮らし／鮮卑族や匈奴の凍結対応

第十四話　均田制、もう一つの貌——五胡から唐宋期の樹木観……219
土地を「支給」する法令の中身は？／北魏・均田制の特質／植樹の伝統／唐宋樹木観〝変革〟期（?!）

第十五話　「貧困の黄土高原」はなぜできた――明清・中華帝国の光と影 ………… 236
華北の樹木消失のいきさつ／カラホトの悲劇／山西・太原付近の養蚕衰退／
中国の環境推移の流れ

あとがき　250

環境から解く古代中国

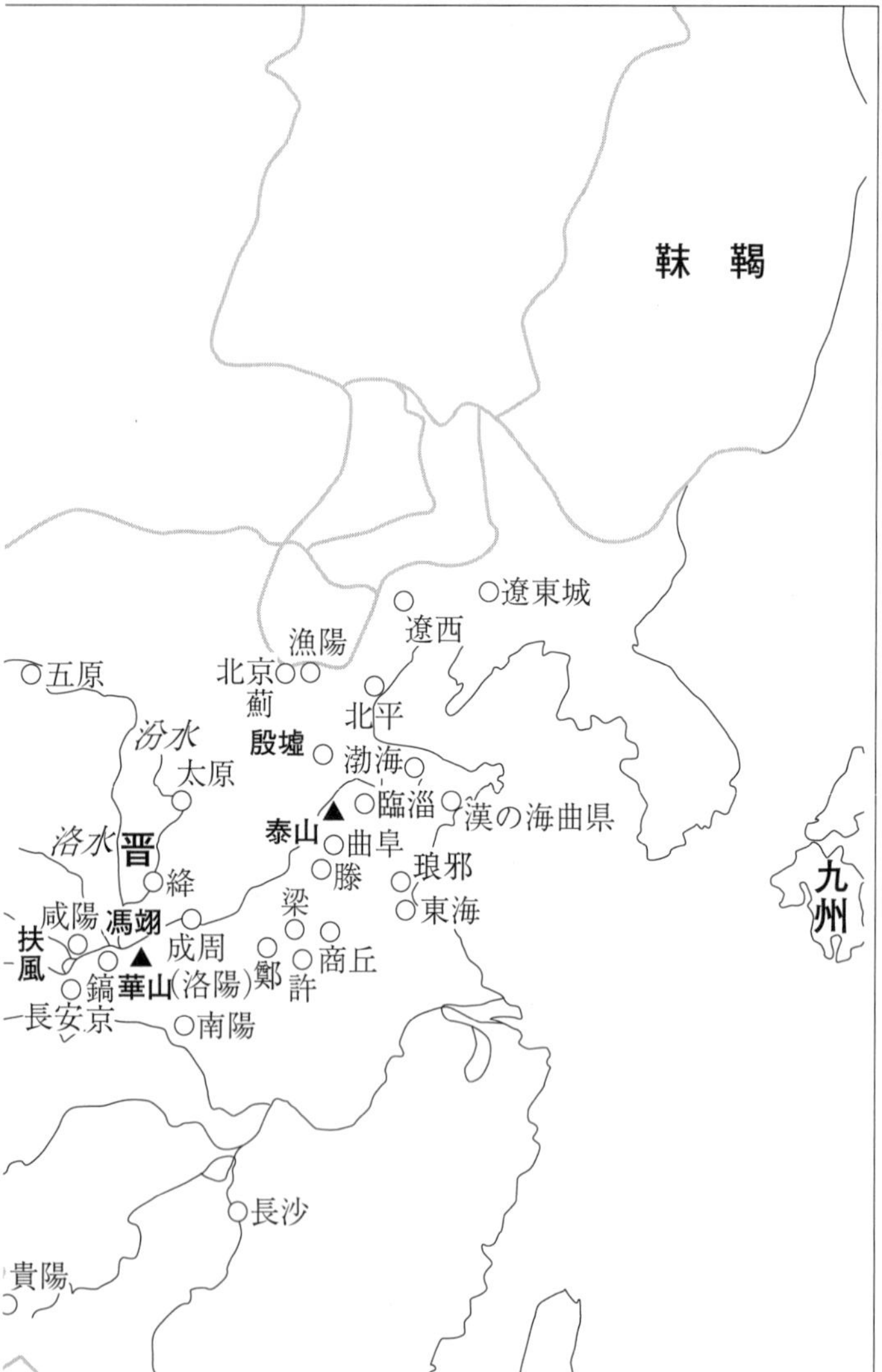
靺　鞨
遼東城
遼西
漁陽
五原
北京
薊
北平
汾水
殷墟
渤海
太原
臨淄
漢の海曲県
泰山
洛水
晋
曲阜
滕
琅邪
九州
絳
梁
東海
咸陽
馮翊
扶風
成周
商丘
華山
鄭
鎬
(洛陽)
許
長安京
南陽
長沙
貴陽

本書中の主な史跡位置略図

第一話　「象」という字は、なぜできた？
——殷周期の気候変動——

漢字が映す動物たち

中国を象徴する動物、といったら、何を思い浮かべますか。パンダ（熊猫）でしょうか、それとも帝王のシンボル・龍、あるいは龍と対で登場することの多い虎あたりでしょうか。でも、象とお答えの方は少数派でしょう。象は、私たち日本人にとって、インドやタイなどの密林、あるいはアフリカのサバンナを象徴する動物、熱帯の動物といったイメージがありますものね。

でも、ではなぜ、「象」という漢字があるのでしょう。現在解読されている中国最古の文字・甲骨文にも、該当する字があるのです。データ欄をご覧下さい。鼻が長くて耳の大きい、象の姿をよく捉えていると思われませんか。象形文字の「象」は、カタドる、と訓読みしますが、「象」という文字は、実に鮮やかに象を「かたどって」いますね。

こういう甲骨文が大量に発見された、殷王朝最後の都の遺跡である、河南省安陽市小屯村の殷

データ欄

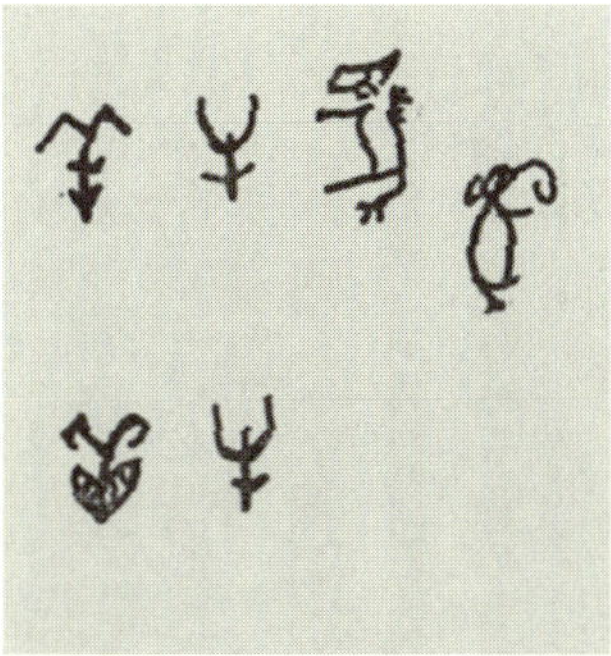

上：殷墟婦好墓出土玉器

左：甲骨文字
左列から「羊」「牛」「馬」「象」

殷墟婦好墓墓室（島田翔太氏撮影）

墟からは、玉でできた象の模型も、本物の象の骨も出土しているのです。

　これに対して、パンダに相当する文字は、今のところ、発見・解読されていません。もっとも甲骨文字のうち、まだ解読されていない、というか、それが何を表しているのか、もう見当もつかなくなっている文字は何千字とあるそうですから、本当は、パンダに相当する文字もあるのかもしれません。でも、現代中国語で「大熊猫」と三文字で表現する、ということは、象形文字を発展させて漢字を作ってきた人々が、「熊」字と「猫」字とを作ってからパンダに遭遇した可能性が高いことになるでしょう。ですから、漢字を作った人々の間で、パンダはあまり知られていなかったように思います。現在、パンダが、四川省を中心に、中国国内でも限られた地域にしか棲息していないことはご承知の通りですし、甲骨文字が生まれたのは、たぶん、殷王朝の頃で、殷王朝は、前述した現在の北京近くの殷墟周辺や、河南省鄭州市周辺（鄭州商代遺跡と呼ばれる、土を搗き固めた城壁の遺跡が残っています）など、黄河流域を根拠地にしていたようです。従って、当時、華北の黄河流域にパンダはいなかった、と考えるのが自然でしょう。

　では、象は、殷墟に居たのでしょうか。はい、そうなのです。象だけではありません。現在では、タイやベトナムにしか棲息しない聖水牛といわれる熱帯独特の水牛の骨も、赤道直下付近の海洋に棲息する玳瑁などの大型の亀の甲も、たくさん出土しています。

コムギ	その他
	大豆、李
16	大豆 21
10	大豆 70

遺跡名	文化期	イネ	アワ	キビ
崇山東麓新密盆地新砦(しんさい)遺跡	竜山文化期	134	62	(62)
新砦遺跡（同上）	新砦期	429	256	98
洛陽皁角樹(らくようそうかくじゅ)遺跡	二里頭期	6	42	26
二里頭遺跡（洛陽）	二里頭期	3000	7000	

表1　黄河中流域（洛陽周辺）新石器時代：栽培植物遺存体の検出サンプル件数

温暖だった華北

つまり、殷墟が、実際に殷王の都であったころ、華北は、現在よりも暖かかったのです（なお、この時代について、日本では、『史記』の表記に拠って「殷代」と呼び、中国ではこの殷墟が当時「大邑商(だいゆうしょう)」と呼ばれていたことなどに基づき「商代」と呼ぶことが多い）。

このような、中国の気候変動に関する専門的研究は、竺可禎氏が一九七二年に「中国近五千年来気候変遷的初歩研究」という論文を発表されたのが最初だといえるでしょうが、その後、新たな材料が続々出現して、今日では、ずいぶん色々なことが判ってきました。大まかに述べれば、殷以前は概ね暖かかったのです。今から約一万年前に第四氷河期が終って徐々に暖かくなり、八千年前頃からおよそ四千年の間、黄河流域は温暖でした。が、今から約四千年前、つまり紀元前二千年頃、寒冷化・乾燥化が発生したとされています（近年の中国考古学の遺跡調査結果によれば、洛陽から鄭州にかけて、黄河中流に伊川など幾つもの河川が注ぐあたりに点在する盆地では、寒冷期が始まるまで、なんと稲作が行われていた可能性が高いといいます。表を参照）。

が、寒冷化・乾燥化の進展によって稲作は困難になり、植生も樹木が減少して草類中心に変わっていったようです。

現在の鄭州に居た殷の王が、殷墟に居住地を移したのは、この寒冷化が始まった頃にあたります。そして、洛陽・鄭州付近よりやや北の殷墟付近では、寒冷化が始まったといっても、森林はしばらくの間、残っていたようです。

というのも、「殷の王様が狩猟をした」という記録が残っているからです。

殷王の狩猟の記録

殷の王は、最高神「帝」（後世「上帝」と呼ぶ場合もある）の子孫と考えられ、さまざまな事柄について亀の甲羅や牛などの骨に、占う内容を刻んで火に炙り、生ずるひび割れの形状によって吉凶を判断したようです。その占いの言葉を記した文字が甲骨文字です。戦争や穀物生産、結婚などの吉凶、祭祀の日程や供物の内容等々、多様な事象が見えます。現在までの研究では、占われる行動の主催者（多くの場合、王）が誰か、などによって、五期に時代区分されています。実際に占いをする人は、別に居たようで貞人（ていじん）と呼ばれます。占いの文（卜辞（ぼくじ））には、普通、現在も東アジア各地で用いられている十干（じっかん）（甲（こう）・乙（おつ）・丙（へい）・丁（てい）・戊（ぼ）・己（き）・庚（こう）・辛（しん）・壬（じん）・癸（き））と十二支とを使って、占った日や占う事柄の起こる日が記されます。

現在も残るその膨大な甲骨文の中から、王の狩猟（「田」という文字で示される場合が多い。第四話を参照）に関係する甲骨を取り上げ、精緻な考証をされたのが松丸道雄氏の「殷墟卜辞中の田猟地について」という論文です。

氏によれば、狩猟に関する卜辞は、第一期には比較的少なく、第四期と五期に激増するとされます。また、その内容を調べると、狩猟を実施する日が、第一期では不特定であったのに、第二期になると、狩猟する日を乙・戊・辛のうちの一、二日に限る「田猟日規制」が発生したようです。ところが、第三期では狩猟実施日に壬の日が加わり、さらに第五期では乙・丁・戊・辛・壬の五日に狩猟日が増加し、末期には己日や庚日にまで行われるようになった、とも述べておいでです。

また、第四期・第五期（松丸氏説では合わせて約百年間とされる）の狩猟に関係する卜辞のうち、狩猟した場所の記されている千三百三十条を分類すると、狩猟が行われた場所九十六か所が判明しますが、そのうち二十回以上の狩猟記録がある場所十四地点が記されているものだけで、千十四条を占めるそうです。

これらの地名の中には、島邦男氏ら従来の甲骨学者が山東省や河南省西部など、殷墟から遠い場所だ、と考えてきた地名が含まれます。ところが、同一の骨片に、数日にわたって断続的に狩猟したことを記すものがあり、その中には、二日連続して異なる場所で狩猟することを占っているものがあるので、これら二十一の地名は、それぞれの距離が一日で行ける場所だと解りました。さらにその他の卜辞の分析から、通常殷王は狩猟地から狩猟地へと移動したのではなく、狩猟地と王宮とを一日で往復し、翌日また別の土地に出かけたと松丸氏は推定されました。結論として、頻繁に狩猟が行われたこれらの土地は、すべて殷墟から半径二十キロメートル程度の場所（上図の○囲みした地域）だった、と考えるのが、松丸道雄氏の研究なのです。

なお、これらの地名で呼ばれる場所について、次のような問題も検討されています。例えば、「盂方（うほう）」という場所は、そこで王の狩猟が行われたと記録する甲骨があります（「方」とは、今日用いる「方角」といった意味ではなく、殷王と敵対する勢力の呼称。同一勢力でも、関係良好なときは「○○伯」と表記され、敵対するときは「○○方」と表記

田猟地図

されることがある)。ところが、同時期の別の甲骨には、殷が「盂方」と交戦したという記録もあるのです。これは、遠隔地に同一名の場所があった、と推定する根拠になります。これと関連する問題として、田猟卜辞によく出てくる「省」という文字で表現される行為――具体的動作としては「見る」ことなのですが――についての議論があり、「省」はたんに見ることだけでなく、巡視・征伐と密接に関係する呪術的儀礼である、という見解が有力です。少し説明しますと、世界各地の古代の人々は、日本の「国見」なども示すように、「見る」という行為に霊的・呪術的力がある、と信じていたようです。これは、様々な民俗・民族研究でもよく論じられています。中国の殷の場合、帝の子孫たる王がある土地を見る、ということは、その地の地霊や山川の神々、その地に棲息する動植物、その地を保有する人間の霊等々に、「王(=帝)」が影響力・支配力を及ぼすことになる、と考えられていたらしいのです。狩猟をして獲物がある、ということは、狩猟地の神々から狩をした王(=帝)への貢物があった、と受け取られました。ですから、狩猟の成否自体が、吉凶を示す意味を持ったのです。狩猟や採集といった活動は、資源(生息している動植物)がどんなに豊富でも、狩りする人・摘む人の技量や時々の気象など、諸条件次第で獲得物の多寡が変動しますね。ですから狩猟・採集が、生活の中心に位置していた時代・地域では、こういう観念が発生しがちなのでしょう。

そこで、松丸氏は、これら王宮近くの狩猟地名について、「殷王がその支配秩序下の諸族・諸方の名をもって自己の邑の周辺の田猟地に命名し、その地で田猟をおこなうことを通じて、それら諸族・諸方の支配の維持存続を計ろうとしたような観念の存在が想定しうるかもしれない」と、述べておいでです。松丸氏ご自身はこの推論を「もとより憶測の域をでるものではなく」と謙遜されますが、このような見方は、「省」の問題をも勘案されている卓見だと思います。

近年、この松丸氏の見解を敷衍・発展させ、これらの田猟地の地名は、王都の近くに、殷に服属する諸侯・諸族の村があったことを示すもので、殷王がそれらの村で頻繁に田猟したのは、霊的威圧の儀礼であった、という見解を提起されたのが、平勢隆郎氏です。

この二説のように、田猟が当時の政治支配や国家構造論からみて、どのような意味を持つか、といった問題は、歴史学上、重要な課題ですが、本書の扱う範囲をいささか超えますから、ご関心のある向きは、平勢氏の著作をお読み下さい。

では、これらの学説を環境史の観点から見ると、どういうことが考えられるでしょう。

第一に推定しうるのは、今日、見渡す限りのムギ畑やトウモロコシ畑が広がる殷墟周辺、つまり、自然の森林などほとんどない場所に、当時は、百年の間、二、三日おきに狩猟しても、そのつど多数の収獲がある（卜辞には、シカやイノシシ、水牛に近い動物などが、数頭捕獲できたという記録が残る）ような森林や草原が、広がっていた、という状況です。

第二に、松丸氏が分析された狩猟日の変動は、全体的趨勢として、獲物の獲得量の漸減を示しているのではないか、ということです。当初、野生動物がどれだけでも存在した時期には、もっぱら王様の都合で、狩猟する日（すなわち獲物を犠牲として祭祀を行う日とも連動します）を任意に決めていたのを、やがて、それでは乱獲となるおそれがあるので、特定の日だけに制限するようになり、さらに動物が減少すると、特定の日の狩猟だけでは祭祀の形式を整えうるだけの獲物が得られなくなって、どんどん狩猟日を増やさざるを得なかった、という具合に。

殷王朝の経済構造については、古く、農耕社会であったか牧畜社会であったか、といった議論も存在しました。近年では、豊富な出土遺物や農業関係卜辞の研究の進展によって、農耕社会説が有力になってはいますが、そして、穀物生産が高度に発展していたこと自体は疑いようもないのですが、実のところ、殷代の産業構造に関して、「農耕か、牧畜か」といった、二者択一的な機械的論議が妥当かどうか、別の角度から再検討する必要も生じているように思われます。

それは、この王の狩猟が、上述したように祭祀と密接に繋がっていたことに関連します。

犠牲と酒

「酒池肉林」という言葉はご存じでしょう。

司馬遷が『史記』で描いている殷周交替のストーリーは、殷王朝最後の王「紂（ちゅう）王」が「酒池肉林」という言葉に象徴される不道徳で「贅沢」な生活や、残虐非道な政治を行ったから、それに憤った人々が「徳高い」周の文王の息子・武王に荷担し、殷が滅びた、という筋書きになっています。しかしながら、このような支配者個人の資質だけが原因で、大きな社会変動が発生したかどうかは疑問です。古く貝塚茂樹氏は、殷の最後の王「帝辛」（卜辞では、こう表記）すなわち「紂王」が、現在の山東半島方面にいた敵対勢力と交戦していたさなかに、優れた武器を持っていた西方の周の勢力が、その背後をついて軍事的優勢を占めた、という考察（「殷末周初の東方経略に就いて」）を発表されました。これは、充分説得力のある説だと考えます。

が、本書では他の側面からも考えてみたいのです。

「酒池肉林」という言葉は、具体的情景としては、宮殿の中に酒で満たした池を作り、周辺に立てた樹の枝に、今風に言えばビーフジャーキーのような干し肉を吊り下げ、その間を裸体にさせた臣下の男女を走らせたもの、といった説明が一般にされています。また、後世に編集された『尚書』という、古代の政治白書（天下に対する為政者の宣伝文）集といった形式をとる文献でも、殷王が供える酒の臭いと肉を炙る生ぐさい臭いとが「天」に達して、「天」がこれを怒り、ついに「天の命」を革めて周に命を下した（これが後世で使われる「革命」という言葉の原義）、といった言葉を含む宣伝文が、何篇もあります。けれども、獣肉の獲得は、先に述べたように殷王の「職務」であった狩猟に直結しています。

肉と酒を供えてこそ、はじめて殷王の祭儀は、なりたっていました。世界各地・各時代の宗教的支配において、酒、あるいはある種の精神的高揚をもたらす薬物が、呪術的支配に果たした役割は、よく知られています。人々を一種のトランス状態にして、儀式の神秘性を増幅させる仕掛けです。酒は、それで酔わせた人々を前に、呪術的・宗教的儀式を執り行って、為政者の権威をいやがうえにも荘厳なものに仕立てるための、必須材料だったわけです。でも、お粥やご飯（当時のご飯はおコワのようなものですが）にして食べれば、何日も暮らせるだけの穀物を醗酵させて、一晩で呑んでしまうのが、酒ですね。無駄遣いと言えば、そう言えなくもありません。

そして、殷の酒については、河北省の殷代の遺跡から、野性のものを含むさまざまな果物、桃やユスラウメ、エビヅルなどの実物と、それらで香り付けされた酒が出土したのです（唐云明「河北商代農業考古概述」）。これらの果物は、むろん、森林がなければ得られません。酒自体は穀物が主原料だったとしても、殷王朝の支配に不可欠な酒が、当時の環境の産物だったことは確かです。ところが、寒冷化の進行は、狩猟の獲物だけでなく、穀物や果樹の生育にも、多大な影響を及ぼしたことでしょう。酒造も飲酒も、寒冷化した社会にとっては、「贅沢」な行為になったと思われます。

現在の陝西省付近を根拠地にしていた周族は、寒冷化・乾燥化の影響を、殷よりも早く受けたと考えられます。ですから、飲酒批判・動物犠牲批判の思考自体は、周族がそのような環境変化に対応して生み出していったものだったかもしれません。が、殷を滅ぼした後、権力交替を確実なものにしようとする時期になれば、「批判」には、もっと重大な意味が発生したと思われます。それまで、「帝」の子孫として神格を信じられ、多くの人間集団を従わせていた殷の王を倒したのですから、その権威を徹底的に貶め、殷の祭祀儀礼の無意味さを喧伝しなければなりません。その復活を阻み、周の支配体制を受け入れさせる必要があります。

かくて「酒池肉林」の故事は、紂王の不徳を宣伝し、同時に、飲酒と肉食の制限をやんわりと浸透させてゆくための雰囲気造りに、有用な説話となっていったのでしょう。

周族の「革命」の思想は、環境の変化が生んだ政治思想だったとも言えるのではないでしょうか。

参考文献

松丸道雄「殷墟卜辞中の田猟地について―殷代国家構造研究のために」(『東洋文化研究所紀要』三一号、一九六三年)
白川静『甲骨文の世界』(平凡社、『東洋文庫』二〇四、一九七二年)
大西克也・宮本徹『アジアと漢字文化』(放送大学教育振興会、二〇〇九年)
天野元之助『中国社会経済史　殷周之部』(開明書院、一九七九年)
葉万松・周昆叔・方孝廉・趙春青・謝虎軍「阜角樹遺址古環境与古文化初歩研究」(『環境考古学』第二輯、科学出版社、二〇〇〇年)
竺可楨「中国近五千年来気候変遷的初歩研究」(『考古学報』一九七二年第一期、等)
史念海「歴史時期森林変遷的研究及有関的一些問題」(『林史文集』第一輯、一九九〇年)

唐云明「河北商代農業考古概述」(『農業考古』一九八二年一期)
平勢隆郎『よみがえる文字と呪術の帝国―古代殷周王朝の素顔―』(中公新書、二〇〇一年)。なお、田猟地に関する島邦男氏作成の地図(同氏『殷墟卜辞研究』(中国学研究会、一九三八年。再販:汲古書院、一九七五年))は、原書より鮮明なものが松丸説を加えてこの書に再録されているので、本書では、著者・平勢氏のご承諾を得て、そこから拝借した。
久慈大介「黄河下流域における初期王朝の形成―洛陽盆地の地理的、生態的環境」(学習院大学東洋文化研究叢書『黄河下流域の歴史と環境』東方書店、二〇〇七年)

第二話 「七月」が詠う冬支度
――西周期の黄土高原――

『詩経』の中の〝数え歌〟

『詩経』は、中国古典中の古典、伝承では孔子の編纂ということになっていて、確かに孔子も、現在『詩経』の一部として残っている詩の何篇かを勉強した、という記録があります。が、求愛の歌や棄てられたわが身を嘆く謡など恋愛詩も多い現行のテキストが、孔子様の編纂物にふさわしくないと思った人々もいたようで、それらを無理に「賢人を求める詞だ」とか、「悪政を風刺したものだ」とか、こじ付け、政治的・道徳的に解釈した註が正統とされて長い年月が過ぎました。南宋の朱熹（一一三〇―一二〇〇年）は、恋愛詩を恋愛詩として読もうとしましたが、本来の情緒を素直に読み取るようになったのは、近代以降というべきでしょう。

この『詩経』の中で一番長いのが、豳風（ひんぷう）「七月」という詩です。長いですし詩ですから、書き下しでなく拙訳をデータ欄に載せました。章立て（段落）は正統な解釈に従っていますが、各章の初めのローマ数字及び☆★は、私が付けたものです（その意味は、後ほど述べます）。

データ欄

七月

〔I〕
七月流火　九月授衣
★一之日觱発　二之日栗烈
無衣無褐　何以卒歳
★三之日于耜　四之日挙趾
同我婦子　饁彼南畝
☆田畯至喜

〔II〕
七月流火　九月授衣
春日載陽　有鳴倉庚
女執懿筐　遵彼微行
爰求柔桑　春日遅遅
采蘩祁祁　女心傷悲

七月

七月「火の星」隠れれば、九月の衣替えの支度
一月(十一月)ビュービュー風吹いて、二月(十二月)はシンシン凍てつくに
コロモも褐も無いならば、どうして歳が越せようぞ
三月（一月）スキで荒起し、四月（二月）踏ん張り耕して
女房子供共々に、南向きハタケで昼餉とりゃ、
田の神さまもお喜び

七月「火の星」隠れれば、九月の衣替えの支度
春はうらうら陽も高く、むこうでヒバリも鳴いている
きれいな小籠を手にとって　彼の細道を辿り行き
桑の若葉を探すけど　春の日ちっとも暮れりゃせぬ
ヨモギは摘んでもなお繁り、女心は悲しくて

☆殆及公子同帰

〔III〕七月流火　八月萑葦
蠶月條桑　取彼斧斨
以伐遠揚　猗彼女桑
七月鳴鵙　八月載績
載玄載黄　我朱孔陽
☆為公子裳

〔IV〕四月秀葽　五月鳴蜩
八月其穫　十月隕蘀
★一之日于貉　取彼狐狸
☆為公子裘
★二之日其同　載纘武功
☆言私其豵　献豜于公

ともに行きたや公子様

七月「火の星」隠れれば、八月に取るススキ・アシ
お蚕月（かいこづき）にはクワの木を、オノを振るって枝下ろし
遠く延びたは切り落とし、メグワは低く曲げてやる
七月モズが鳴いたなら、すぐに八月糸紡ぎ、
黒く染めたり黄にしたり、あたしが染めた朱はキレイ
公子のお召しに仕立てましょう

四月エノコログサ穂が出、五月ヒグラシ鳴いている
八月取り入れ済ませたら、十月散り敷く枯れ落ち葉
一月ムジナをお目当てに、キツネ・タヌキも狩ってこよう
公子の裘を作るのさ
二月は総出で狩に行き、競う弓矢の腕自慢
小さなコジシは我が家用、立派なイノシシ献上品

〔Ⅴ〕五月斯螽動股　六月莎鶏振羽
七月在野　八月在宇
九月在戸　十月蟋蟀
入我牀下　穹窒熏鼠
塞向墐戸
★嗟我婦子　曰為改歳
入此室處

〔Ⅵ〕六月食鬱及薁　七月亨葵及菽
八月剝棗　十月穫稲
為此春酒　以介眉寿
七月食瓜　八月断壺
九月叔苴　采荼薪樗
☆食我農夫

五月ハタオリ股を擦り、六月羽根振るキリギリス
七月野原で鳴いてたに、八月軒端にやってきて
九月にゃ戸口に姿見せ、十月とうとうコオロギは
オイラのベッドの下に入る、隙間にメ張りだネズミを燻(いぶ)せ
マドを塞いで戸に土を塗れ
女房・子供よ諸共(もろとも)に、「お年越しじゃ」と呼ばわって
この室内に籠ろうぞ

六月グミとヤマブドウ、七月に葵(き)とマメを煮て
八月ナツメを削ぎ切りに、十月イネが獲れたなら
これで作れる春の酒　呑んで長寿を祈ろうよ
七月ウリを食べたなら　八月は割るヒョウタンを
九月にオガラを裂いておき　ニガナと薪(まき)と樗(ぬるで)採る
我らが農夫を喰わせねば

〔VII〕九月築場圃　十月納禾稼
黍稷重穋　禾麻菽麦
嗟我農夫　我稼既同
☆上入執宮功
昼爾于茅　宵爾索綯
亟其乗屋　其始播百穀

〔VIII〕★二之日鑿冰沖沖
★三之日納于凌陰
★四之日其蚤　献羔祭韭
九月粛霜　十月滌場
朋酒斯饗　曰殺羔羊
☆躋彼公堂
称彼兕觥　万寿無疆七月

九月に均(なら)す脱穀場　十月収穫納めるは
キビにモチアワ・オクテ・ワセ　ウルチのアワやアサ・マメ・ムギ
ああ我が農夫の皆さんよ　我らの収穫まとまった
お上に納めて出来調べ
アンタら昼はカヤを取り　夜はせっせと縄をなえ
早く登って屋根修理　もうすぐ始まる種まきが

二月（十二月）にシャキシャキ氷切り
三月（一月）氷室に納めたら
四月（二月）は早速コヒツジと　ニラを供えてお祭りだ
九月にはもう霜が降り　十月清める脱穀場
酒を並べてそれ宴(うたげ)　ヒツジ・コヒツジ屠(ほふ)ろうぜ
かの公堂にのぼりゆき
ツノのサカヅキ高くあげ　万寿無疆と叫ぼうよ

タイトルの「七月」は、伝説では「夏暦」つまり夏王朝の暦（おおむね現在の太陰暦・農暦に近い）で表現した七月、今日の太陽暦に換算すると大体九月頃のことです。途中何度か出てくる「一之日」「二之日」とかの表現は、これとは異なる「周暦」つまり周王朝の暦で「一月」「二月」を表現した、とされています。「周暦」は、今日の太陽暦とほぼ合致することになり、「夏暦」の十一月が、周暦の一月（歳首・正月）に相当します。古代社会では、王朝が替わるごとに暦も替わった、という言い伝えがあるのです。おまけに単に暦が替わるだけでなく、歳首・正月＝一年の始まりも一か月ずつずらした、という言い伝えもあります。ずいぶん面倒ですね。こういう言い伝え自体が、後の時代の捏造だという研究もあります。

現代の「場圃」（脱穀場）

つまり、この詩一篇の中に、異なる暦での表現があるわけです。そこで、訳の中で部分的に（ ）に入れた月の名称は、「七月」の他の部分と同様、「夏暦」の表記を示したものです。

さて一読なさって、この詩から、その土地に暮らした者ならではの一年間の生活の彩りを詠み込んだ、数え歌風のにおいを感じませんか。が、それにしては、暦は複数記されていますし、少し視座も揺れていますね。第一、「我」って誰でしょう。

「農夫」でない人でしょうか。でも、どうも「公」や「公子」でもなさそうです。

こう疑問を持った私は、「公」「公子」といった社会的関係を表す言葉を含む句☆を思い切って除けてみました。そして、★のところは、元来「夏暦」を使った何らかの文句があったと仮定しました。すると、だいたい字数も揃った十句ずつになりそうです。一般に、民衆の歌は、日本民謡でもゴスペルでも、耳で聞き口ずさんで覚えやすい、単純なメロディの繰り返しに載せやすい、定型的音節の組み合わせが多いでしょう。文字で読んで論理が通るか、なんて、二の次のはずです。つまり、この詩は、元来歌い継がれていた歌が、いつかの時点で、ずいぶん改変された可能性が高いと考えています。他にも、何せ二千年来「権威ある伝統」に支えられてきた文献ですから、細部についていろいろな議論・研究があります。日本語訳もたくさん出ていますが、拙訳は諸先達の訳されたものと多少異なっています。その理由は長くなりますので、拙著をご参照下さい。

まあ、でも、そんな詮索はこのぐらいにして、およその歌の文句から漂ってくる、古の暮らしの雰囲気を感じ取ってみましょう。

豳風（ひんぷう）とは

『詩経』で「風」とは、「民謡」とでも訳せるような意味で、各地域ごとに詠われていた伝統的な詩、と解釈されています（ほかに、為政者の宴席で演奏される歌＝雅とか、宗廟の儀式で演奏される歌

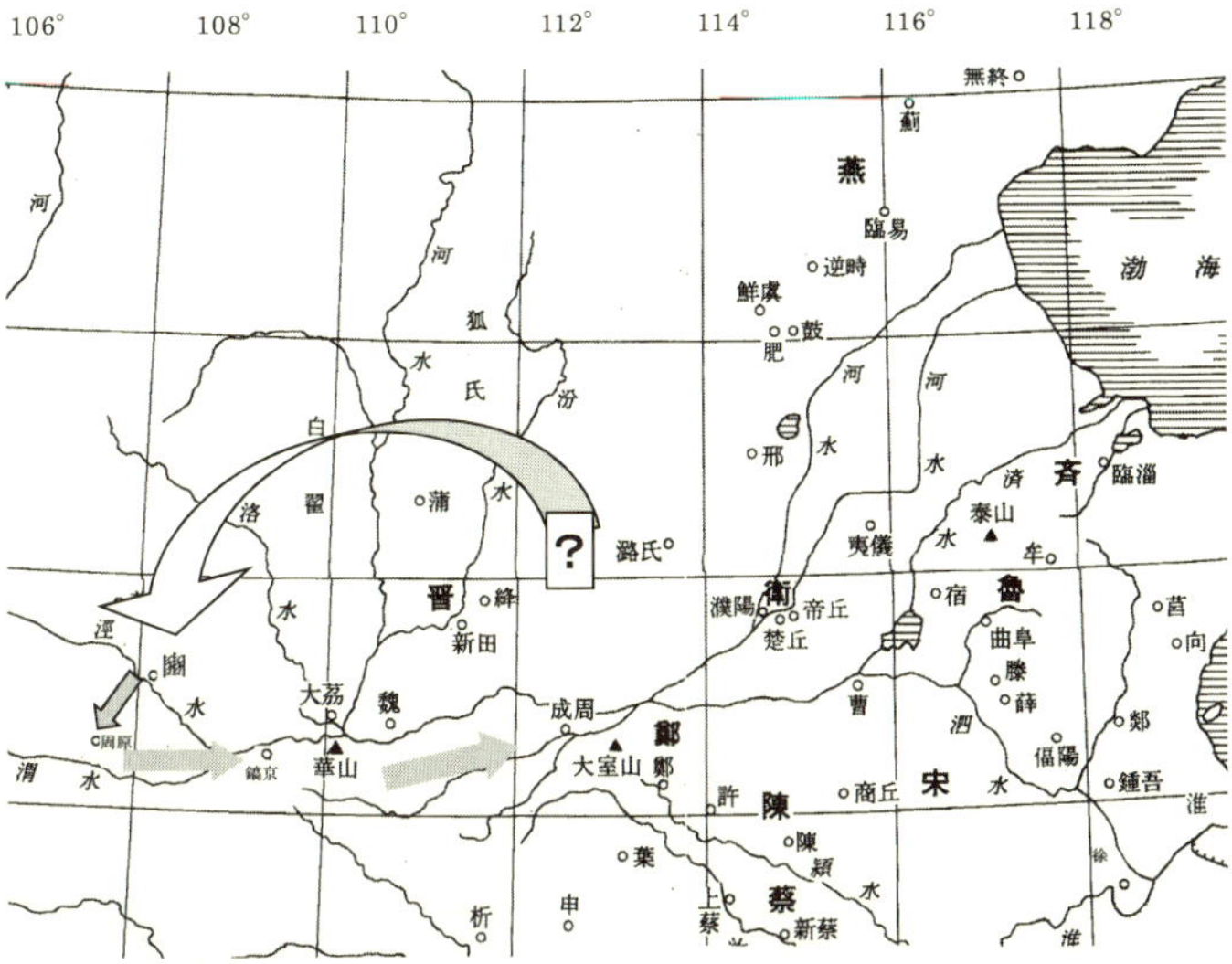

周族の移動と周初の主な「封建」略図
（小倉芳彦訳『春秋左氏伝』岩波文庫の図に基づき作成）

＝頌ともあります）。ですから「豳風」とは、「豳の地方の歌」という意味です。「七月」のほかにも、「周公東征」という句の見える「破斧」など、七篇が伝わっています。

一般的には、「七月」の詩は、周の人々が、豳にいた頃の生活を詠った歌と解されています。豳とは、現在の陝西省、黄土高原ただ中の彬県付近のようで、涇水という河の近くです。殷周交替以前、周の人々は玁狁と呼ばれる人間集団に圧迫され、豳の地から渭水のほとり、現在の周原に移住した、といわれています。

「火の星」とは、日本でいう火星（アレスあるいはマルス）のことではありません。さそり座のアンタレス、宮沢賢治が「星めぐりの歌」で謡うところの「赤い眼玉」です。夏の間、南の空に大きくS字を描いていたさそり座も、秋になれば、天体観測を職掌とする役人でもない限り、普通の人が夕方見上げる空（ちなみに周の頃、むろん電気なんてないのですから、深夜族はありえません）からは、地平に隠れて見えなくなります。「流火」とは、つまりアンタレスが見えなくなる秋が来たら、という意味で、冬に備えて衣替えの準備をしよう、と呼びかける句が、主題です。そう、冬支度のための様々な労働が、この詩全体の基調なのです。象がいて、殷の王様がしょっちゅう狩をしていた時代なら、食べ物も着る物も、特に冬越しのための準備は要らなかったかもしれません。でも、もはや衣食住全てを整えねば過ごせない冬が来るようになった、そんな時代に作られた歌と言えるでしょう。

住まいと食べ物

寒さが次第に忍び寄る様を巧みに詠い込んでいるのはV章でしょう。コオロギがだんだん住居近くにやってきて、やがて人家のベッドの下にまで潜り込んでくるのです（現代でもありますね）。その次の句の「向」という文字は、後世では「嚮」と書かれる木製の差し掛け窓を意味する言葉です。日本でも鎌倉時代の武家屋敷などにこんな窓がある場面を大河ドラマなどで描いています。それを冬は塞ぎます。でも、戸口は塞げませんから、扉の木材の隙間などに土など塗って隙間風を防ぐのです。でもその前に、大事な食料を食い荒らされないよう、ヨモギなどの薬草を室内で燃やして、その煙でネズミを燻り出すわけです。
こういう支度は、新石器時代の半坡遺跡のような半地下式の住居でやってもあまり効果がなかったことでしょう。「七月」にはⅦ章に、茅葺き屋根の修理の句もありますから、そういう住居もあったでしょうが、屋根があるのは、「公堂」でなくとも特別な人の住まいだったかもしれません。彬県周辺には、現在も窰洞（ヤオトン）が残り、現代でも環境に適合した合理的な住居だと思われます。ヤオトンにはさまざまな形態がありますが、彬県付近では、六盤山の傾斜地を利用した屋根の不要なものも多く見られますから。

さて、私たち現代日本人が冬支度と聞くと、何と言っても不可欠なのは冬を乗り切る食べ物の貯蔵だ、と思いがちですね。「七月」では、むろん、食品をたくさん詠っていますが、Ⅰ章の耕起作業あるいは農耕開始の祭祀儀礼の様子と、収穫した何種類もの穀物を一か所に集めて貯蔵する、という話以外、特別な食品貯蔵の方法などは見られません。忘れがちですが、穀物は、食料の中でも最も保存性の高いものです。四国で約百年前に貯蔵された四国ビエやアワが充分食用に耐えた、という調査結果もあります。穀物さえ充分蓄えれば、ともかく命は繋げます。周族は后稷という神さまを始祖とする開国伝説を持っていたようですが、后稷とは読んで字の如く、モチアワ（ときき「稷」字に「キビ」というふりがなのある書物を見受けますが、これは、平安朝時代の本草家に端を発する誤りです）を司る役人（后）という意味です。穀物を重視する周族の姿勢が窺えます。稲の文字も見えます。寒冷化に向かったとはいえ、豳風「七月」の村では、まだ栽培できていたようです（ちなみに、『詩経』には、関中盆地の渭水南岸でも稲作していたことを示す詩がたくさんあります）。稲作に不可欠な澄んだ清水が、容易に得られたことの証でもあります。

こんな風に言うとⅥ章には、マメを煮たりナツメを削ぎ切りにすることが書いてあるじゃないか、とお叱りを蒙るかもしれません。はい、そうです。この章句は、末尾の句を根拠に、従来「農夫」の食品を記したと解釈されてきました。が、前述したように、この詩の「我」と「農夫」の関係は不明です。それより何より、Ⅵ章の植物は、出盛りの季節に詠われていないのです（表参照）。

イネはむろんですが、グミもヤマブドウも煮た葵（この植物、現在の花材の葵ではありません。明代まで百菜の王とされ春先から初冬まで収穫可能な普遍的野菜なのですが、今日のどの植物なのか、定説がありません）や豆は、発酵させられます。実はⅥ章前半は、製酒に使う材料が詠まれていると私は考えています（殷代の遺跡から酒の香り付け用ナツメが出てきたことは、前に記しました）。

そして後半は、冬越しに欠かせない燃料貯蔵がテーマです。実を食べてしまった後の瓜の蔓、食べたり道具に加工した後の瓢簞の中綿（実は灯火材料として、油分を多く含むいい品なのです）、繊維部分を利用した後の麻の茎幹―オガラ（漢字で書くと「緒殻」つまり、麻の繊維を採取した残りの意味。「九月叔苴」の「苴」字はオアサと読み、実を結ぶメアサに対して結実しない雄の麻の意味）が詠われています。「九月叔苴」の句を「麻の実を拾う」と解するのが通例ですが、七味唐辛子に入って

表　七月の植物の配当月と実際の出盛り

原文の月名	現在の季節	植物名	現在の各月での状況	現在の出盛り
六月	8月	鬱(ウツ。にわうめ・ゆすらうめの類)	収穫可能期の最末	6～8月
六月	8月	薁（イク。えびづる）	同上	6～8月
十月	12月	稲	収穫後（？）	10～11月
七月	9月	葵（キ。実態は今日不明だが、サラダ菜の類という説が有力な野菜）	漢代の温室では冬季も生育可能	通年
七月	9月	菽（シュク。まめ）	貯蔵用収穫期（？）	3～10月
八月	10月	棗（なつめ）	干し棗作りの時期	6～9月
七月	9月	瓜（うり）	収穫可能期の最末	7～9月
八月	10月	壺（コ。瓢簞。ゆうがお）	食用でなく器材用の収穫・加工期	7～9月
九月	11月	苴（ショ。あさの実或いはあさ）	食用・繊維用とも収穫済み	7～9月
九月	11月	荼（ト。にがな）	収穫済み(ただし、霜にあうと甘くなるとの説あり)。	7～9月

いるアサノミをご存知の方はお解りでしょう。アサノミは地面に落ちたものを拾える大きさではありません。「叔」はきらめく刃物で切り裂く意味なので、「苴」はオガラを指すと理解できます。麻の実は、古代華北での重要な食料ですが、それについては、第Ⅶ章でアワやキビなどと一緒に収穫と貯蔵が歌われています。蔓や中綿、オガラや葉っぱを食べ尽した

後のニガナなど蔬菜の茎や根っこ、などなどに至るまで、棄ててしまわないで大事に燃料として保存します。殷代には盛んだったことがわかっている火の祀り（燎祭といいます）が、「七月」の村でも実施されていたかどうか不明ですが、火の暖かさのありがたみは、殷墟付近より早く寒冷化・乾燥化した豳の人々にとっても、畏敬の念を捧げるに値するものだったのではないでしょうか。その祭祀に不可欠な各種の燃料収集を、VI章後半は列挙して詠っていると、考えたのです。

ですから、VI章は食物を詠っていません。これに「食我農夫」なんて余分な文句を付け加えたのは、殷王朝の祭祀体系の名残にも似通う民間儀礼が、周族の村人にもあったことの証しを消してしまおうとした周王朝の知識人か、あるいは、もう酒や火がかかわる祭祀の意味を理解できなくなった遥か後世の人か、だと思われます。

でも、もう一つ、食品保存に関係することで気になること、それはVIII章に明記された氷室の利用です。これは確実に食品の保存に利用するのですが……。そう、これは冬場ではなくて、夏場にむけての貯蔵ですね。入れておくものは、切り出した氷と……。おそらく、IV章のテーマ狩猟の所産である野生獣の肉、VIII章に見える羊牧畜の製品＝羊肉など、動物性食品だったのではないでしょうか。IV章の前半は、単に風景を詠ったのではなく、エノコログサが黄ばんで穂が出（やがて枯れる）、木立の木の葉が落ちてゆく、すなわち当時華北のどこにでも広がっていた草原・森林の植物が、冬に向かって枯れて行き見通しがよくなった時、待ちに待った狩猟の季節が訪れる、と詠っているのです。獲物には、狐・狸も登場しますけれど、目立つのは成獣やコドモのイノシシですね。ブタはイノシシを品種改良して家畜化したものですから、「七月」の村には、まだブタがいなかったのかもしれません。これに対して、羔＝コヒツジが二度も出てきますから、羊は飼育していたと見て間違いないでしょう。冬場は寒く、一般には食べ物の調達が困難になりますが、狩猟にはむしろ絶好の季節です。逆に、せっかく捉えた獣の肉も、夏場を越させるのは大変ですから、氷室が生活の必需品だったわけです。中性の澄んだ水を必要とする稲作が明記されていますので、豳風成立の頃、豳の地には清流があった、とみなしうるのですが、この氷室の記述も、充分な氷を確保で

上：今日の彬県と泥の河・涇水
下：黄土高原にあるのに清水の流れる清潤河

きるキレイな水が存在していた、重要な証拠です。現在の涇水は泥の河ですが、狩猟のできる森林・草原が土地の表面を覆っていれば、今日のような表土の流失は起こらないで、キレイな湧き水、キレイなせせらぎがそこここに見られたことでしょう。「十月隕蘀─十月散り敷く枯れ落ち葉」という句は、落葉広葉樹を目の当たりにしなければ浮かばない言葉でしょうが、豳の地ばかりでなく周族が後に移住した関中を含め陝西省一帯が、かつて落葉広葉樹中心の森林・草原に覆われていたとの、考古学的調査報告もあります。

そして「七月」の村の人々にとって、新鮮な狩の獲物が食べられる冬は、食料確保の困難な季節ではなく、むしろ「ご馳走」の季節と感じられていたように思います。

ですから最も重要な冬支度は、この詩のモティーフである「授衣」─衣服の準備だった訳です。

衣服

風吹きすさび凍てつく冬に不可欠なものは、衣─ころもと褐、と詠われます。衣の方は明確で、絹織物で作った衣服（絹を紡がないで繊維を絡ませた、「真綿」をキルティングしたものも含まれるでしょう）です。

「七月」では、II・III章で、絹織物生産に直結する桑の利用と染物とが描かれます。が、実は、このII章、『詩経』のほかの詩にもそっくりな言葉が記された、かなり定式的な詞のようなのです。

細道を登っていった山畑で桑摘む乙女の姿は実に牧歌的で、「公子」への慕情まで歌われ、共感を呼ぶ詩句ですが、この句が元来「七月」にあったかどうかは、いささか眉唾なのです。ちなみに、II章が詠う「ヨモギ摘み」は、白川静氏の説では養蚕に関係しない、「予祝」の儀礼（一定の時間あるいは容器に、摘み草を満たせるかどうかで、吉凶を占う）のようです。仕事として桑摘みには来たけれど、籠一杯になってもまだ日も高いので、そこらのヨモギを摘んで恋占い（あるいは遠くに出掛けた大事な人の安否を占う）をしている情景、ということになります。

この詩の特徴はむしろIII章の桑の手入れに見るべきでしょう。ここで桑栽培は、高い樹高となる品種、低木品種ともども利用していたと描かれています。のちに斉の国（現在の山東省）で盛んになる、高木種栽培―高桑仕立て（たかくわじたて）といいます―は、藤棚や葡萄棚のように人の身の丈よりも高く桑の枝を張り巡らせ、樹と樹の間を枝伝いに渡って葉を摘んでゆきます（『春秋左氏伝』ほかで、亡命して諸国を巡っていた頃の晋の文公（紀元前六〇〇年代）の家臣が密談

高桑仕立ての手入れをする男性２人。
（元の王禎『農書』より）

をする場として描かれます）。ここで詠われる樹木の手入れ—斧を使った枝下ろし——は、おそらく男性労働力に拠るものだったと思われます。これに対して、のちに魯の国で盛んに栽培される魯桑——メグワは、低木仕立てにし、人が歩きながら葉を摘みます。こちらは、女性だけで葉の採集が可能です。その双方の情景が、「七月」では描かれているのです。後の時代に比べると、このような描かれ方は、食料の共同貯蔵とともに、「七月」という詩の時代的特色を暗示する、とても重要な材料になります。

が、「褐」とはなんでしょうか。

これは大問題で、一部にはこれを麻織物と解説している書物もあります。が、それは後代に生まれた誤解です。漢代までの文献を慎重に選んで読むと、元来は、獣毛や羽毛、麻・葛などの植物繊維等々を一緒に煮立て、灰などのアルカリ成分を加えて繊維が絡みやすくドロドロにし、平らに広げて干して水分を飛ばす、一種のフェルトのような素材だった、と判ります。内陸アジア中心に、あちこちの遺跡から実物も出土しています。紡織の技術の要らない、最も簡単な製造法の衣料原料なのです。先秦諸子（概ね秦の統一以前に記されたらしい諸子百家）の文献には、貧しい人（紡織の手間を掛けられない人）の衣料として描かれる場合も多いのですが、それほど、粗悪な素材とは思われません。おまけに丈夫で暖かく（フェルトですから当然ですね）、冬の衣料としては最適品だったはずです。にも拘らず、後代、その実態が不明になったのはなぜでしょう。

褐の製作に、動物性の材料は必需です。ある種の蛋白質が含まれないと、アルカリで固めることができません。狩猟が誰でも簡単にできる環境だった時期には、民衆にとって手軽な材料でした。ところが、後世、森林・草原の消失とともに、王侯貴族でもなければ、その余地が失われていったのです。「七月」の村では、褐を当然生産していたでしょう。Ⅳ章に詠われた狩猟は、単に冬場の食料を賄う意味に留まらず、褐の原料供給についても、Ⅷ章の羊飼育とともに、大事な作業を詠っていると読んだほうがよさそうなのです。

Ⅳ章での獲物—貉・狐・狸が、その皮自体、貴重な防寒具としての毛皮になったことは、いうまでもありません。が、ずいぶん長くなりましたから、これについては、第三話でお話しします。が、ここでもう一度考えていただきたいのは、「七月」の詠う衣食住が、農耕——穀物生産だけに特化したものではなく、牧畜も狩猟・採集も、すなわち後の時代になるとさまざまな産業分野として分かれてゆく経済活動を、皆で共同して有機的に組み合わせ、暮らしを立てていたことです。それが可能な自然環境があり、それが可能な人間関係があった、と見るべきだと思うのです。

参考文献

白川静『詩経—中国の古代歌謡』(中公新書、一九七〇年)
天野元之助『中国農業史研究(増補版)』(御茶の水書房、一九七九年)

白川静『金文の世界：殷周社会史』（平凡社東洋文庫、一九七一年）
佐々木高明・松山利夫共編『畑作文化の誕生―縄文農耕論へのアプローチ』（日本放送出版協会、一九八八年）
谷口義介『歴史の霧の中から』（葦書房、一九九〇年）
松丸道雄「西周後期社会にみえる変革の萌芽」（『東アジア史における国家と農民』山川出版社、一九八四年）
原宗子『「農本」主義と「黄土」の発生』（研文出版、二〇〇五年）

第三話　孔子の愛弟子・子路のバンカラの秘密

――春秋～漢の毛皮観――

毛皮を着る人・着ない人

孔子の弟子・筆頭格としてよく知られている仲由子路（ちゅうゆうしろ）（仲が姓、由が名―いみな＝本名、子路が字―あざな＝よびな）は、『論語』での登場回数が弟子のうち最多であることも示すように、多くのエピソードを残した人物です。孔子に批判的な人々との交流にしばしば関与し、『左伝』や『孔子家語』など後代の文献には、衛（えい）の国の内紛に巻き込まれて壮絶な死を遂げる場面が記されています。日本では、中島敦『弟子』の主人公として描かれた、その奔放闊達な生き方、師として選んだ孔子への真面目で誠実な献身ぶりなどが人気を博しているようです。ただ、史実としての子路の生き様は、実のところ、あまりよくわかっていません。一般に理解されている「竹を割ったような気性で単純なお人好し」といった姿とは、若干異なるキャラクターだったようにも思います。

子路に関する逸話の中で比較的正確な伝承だとされる『論語』に、以下のエピソードがあります。

データ欄

I 『論語』子罕篇
子曰「衣敝縕袍、与衣狐貉者立而不恥者、其由也与」

I 『論語』子罕篇
子曰く「敝れたる縕袍を衣、狐貉を衣たる者と立ちて恥ぢざる者は、其れ由なるか」と。

孔子様が言われた。「ボロボロに破れた縕袍（どてらのような綿入れの外套）を着て、狐や貉の毛皮の衣装を着た人物と並んで立っていても平気なのは、まあ、由だろうね。」と。
とでも訳せるでしょう。（ただ、綿入れとはいっても、今日の木綿ワタのものとは違います。当時、まだ木綿は、中国で栽培されていません。「綿」という文字は、現在の日本語で言えば「真綿」、すなわち、お布団を作るとき、表布と中綿の間に広げる、紡いでいない絹のワタのことです）。

今風にいえば、ナイロン製でダウンなど入っていない紛い物のダウンジャケット、しかもさんざん着古してボロボロのものを着ていても、「高級品」の毛皮のコートや毛皮の飾りがついた服のおしゃれで贅沢な人と並んでちっとも恥ずかしがらない、人間の外見より内面を重視する考え方を貫く人物だ、と褒めた言葉、と、通例解されているようです。なるほど、とは思います。現代日本の常識では、毛皮のコートは確かに高級品です。七〇年代、ブリジッド・バルドーらの毛皮反対運動なども影響してか、あるいは温暖化とバブル崩壊後の経済現象なのか、幾らか流行らなくなったとはいえ、暖かくてステキなコートのイメージは残っていますね。ディートリッヒやモンローの艶姿とミンクやチンチラのコートが重なる世代にはなおさらでしょう。でも、子路の振る舞いは、本当に、「バンカラ気質・贅沢品無視」の態度を表明する、という意味でしかなかったのでしょうか。

毛皮コート作りの専門集団

第二話で、「七月」の村（邑と呼ばれていたらしいですが）ではみんな総出で狩猟に行き、コートにできる貉（むじな）・狐（きつね）・狸（たぬき）などを捕えようとの意味の句があることを見ました。「公」などに獲物の一部を貢納することは記されていますが、当然ながら集団の規則さえ守れば、誰でも捕獲した獲物で自分の毛皮の衣服を作ることができたはずです。が、こうした村々からの献納だけでは賄いきれなくなったのか、あるいは他の理由でか、西周王朝では、毛皮のコートを製作・貢納する、特殊な人間集団の存在が確認できるのです。

豳にいたとされる周の一族は、伝説上では公劉という首長の頃、周原と呼ばれる渭水沿岸の岐山（きざん）の麓に移り住み（現在遺跡を発掘中です）、やがて殷を倒し得るだけの勢力を形成したようです。地球全体の寒冷化で中央アジアに牧畜可能な草原が減少した影響か、玁狁（けんいん）と呼ばれる集団に圧迫され、その後も彼らとの抗争は続きます。後に関中と呼ばれる渭水沿岸は複雑な地層で、第七話でふれますが、古くは黄河だったところに渭水が流れるようになった場所です。周原に移って以降、当初湿地の多かった関中を、周族は当時の道具が許す限り排水し、穀物生産に労働の多くを投入する方向を採用しました。狩猟・牧畜の限界性が感じられたからか、より勇猛な狩猟採集・牧畜民に旧来の居住地を追われて、狩猟や牧畜への嫌悪感が発生したのか、ともあれ、やがて関中の湿地は減少し、畑作可能な土地が広がってゆきます。ただし、殷代に比べ寒冷化・乾燥化したとはいえ、落葉広葉樹が生育できる程度の気温でしたし、周原に移ってからも、食料の相当部分、ことに動物性蛋白質源は、野生の獣に依存したようです。関中の川は流れが緩やかで、黄土高原に比べ魚釣りに適してもいて、『詩経』には魚にかかわる詩も多いのです。

一九七五年、陝西省岐山県董家村(とうかそん)から、裘衛(きゅうえい)という人物が作器者(青銅器の発注者、とでも申せましょうか)であることを示す銘文を持った一連の青銅器が出土しました。「裘」とは毛皮のコートのことですから、白川静氏は、これらの青銅器を、狩猟で得られる毛皮の衣類貢納を専門とする一族のものと解しておいでです。その一つである「裘衛鼎一(五年衛鼎とも呼ぶ)」に記された銘文は、周の王の出した、排水用の水路建設命令に関係する出来事の記述と読みうる一段を含むのですが、その後段で、裘衛の一族は、従来利用してきた渭水付近の土地を排水工事に伴って明け渡し、郴県附近に代わりの土地を提供された、と読める文があります。同時に出土した「裘衛盉(か)」では係争した矩伯(くはく)という人物から豳の地に「田」を与えられ、「裘衛鼎二(九年衛鼎とも呼ぶ)」にも矩伯から「顔林」と呼ばれる森林を与えられたことなどが記されています。明け渡した土地も新たに利用を開始した土地も、獣類の水場で水鳥などの集う「沮洳之地（湿地・沼地）」や、毛皮材料の野獣が棲む山林藪沢だったはずです。豳には、周王の軍隊の駐屯地もあったようで、軍需物資（矢羽に使う鳥、鏃やナイフにする角・骨、箙や革紐にする皮革や藤などのツル、車にする木材、木工の必需品・膠など、金属を含めて軍需品の大半は山林の所産です）の供給地が近隣にあった可能性も高く、彬県付近の自然環境は、ある程度維持されていたのでしょう。これに対して、排水工事があちこちで施工された関中盆地は、水稲田もあったようですから、直ちに全部が畑作地化されなかったとしても、乾燥化が進行して変貌していったと思われます。

が、それにしても、このような毛皮製作専門集団の出現は、「七月」の情景とはいささか異なります。王に供する豪華な衣料用の毛皮を獲得する狩猟技術は高度で、特別な一族にのみ伝わった可能性もありますし、加工技術が特化したのかもしれません。武器携帯が必須の狩猟を義務としたこの裘衛一族は、旧殷の勢力ではなく、もともと周王室に近い集団だったと思われますが、周族は根拠地を周原から鎬京に移して殷を滅ぼすと、周初の封建に際して、一族功臣に隷属する殷の遺民の集団を分与しています。こういった内容の銘文を読み取れる青銅器の製作技術者も、殷墟周辺からたくさん移住させたようです。他の青銅器銘文からは、土地の耕作権利保持者の変更に伴って、居場所（あるいは管理者）が変更される、農耕専従の隷属民的な人々が存在したのも確認できます。

新規の支配者・周が、かつて殷に服属していた人々を支配するには、被征服者に、自由な移動・行動が必要な狩猟・採集、牧畜を従来通り許すより、できるだけ、移動しづらい農耕に従事させるのが得策だったのでしょう。

戦後処理による人間集団の重層化（支配者集団である周族内部にも階層があり、被支配者集団となった諸族の中にも階層が残ったまま全体として周族に服属する状況）が進行し、毛皮のコートにも、身分標識など防寒以外の価値が付着していったようです。

「末業（まつぎょう）」と呼ばれて

データ欄

II 『春秋』宣公十五年	『春秋』宣公十五年
初税畝。	初（はじ）めて畝（ほ）に税（ぜい）す。

それにしてもなぜ、子路の破れた綿入れと対比されるコートが、狐や狢製のものなのでしょう。先秦の伝世文献（代々書き写され宋以後は木版本など刊本にもなって今日まで伝わった文献。近年出土した資料と対比してこう呼ぶ）には、あまりはっきりした説明が見当たりません。

耕地化が進んで森林が減少したから、狐も狢も減った、ということは確かにいえます。でも、それればかりではなさそうです。

春秋時代、魯・宣公十五（紀元前五九四）年、魯の国で始まったとされる課税方式が、『春秋』に記されています。「畝」に税する、とはどういう意味か、いろいろ議論はありますが、要するに、耕作した、あるいは植えつけた土地の面積に応じて穀物（穀実と、近年の出土文献から推定すれば、茎や葉も）を徴収する、という意味のようです。この史料は、従来、邑毎におよそのドンブリ勘定で割り当てられていた税を、実地の測量に基づいて厳密に取り立てるようになった、という側面に注目して理解されてきました。それも重要なことですが、「七月」の集落で、穀物だけでなく燃料や屋根材や絹製の衣装、そして毛皮のコートも貢納していたのとは異なる、という面もありそうです。魯の「初税畝」と並んで、春秋時代以降の新方式課税は、五覇に数えられる晋の文公の頃、晋でも試みられたようですが、細部はまだ不明です。が、これらの改革に倣ったらしい秦のことについては、やや手がかりが残っています。

周が根拠地を洛陽付近に移した後、関中を支配したのは、西方の甘粛省（かんしゅくしょう）付近から移住してきた秦でした。秦族は、元来、馬の牧畜を中心的生業とする集団だったようです。春秋時代の秦の君主で五覇に数えられることもある穆公（ぼっこう）（紀元前六〇〇年代後半に在位。繆公とも表記）について、『史記』秦本紀に次のようなエピソードがあります。

九月壬戌、（繆公は）晋の恵公夷吾と韓の地に於いて合戦した。（中略）この時、岐山の下の「善馬を食べた者」三百人が馳せて晋軍を冒したので、晋軍は囲みを解き、ついに繆公は脱出して反って晋君を捕虜にできた（というのは以下のような因縁による）。

昔、繆公が善馬を逃がしたことがあった。岐山の下の野人は共同でこれを捕獲し、食べてしまった者が三百余人いた。吏は逮捕して法で処罰しようとした。（ところが）繆公は「君子は畜産のことを理由に人を害さないものだ。吾は善馬の肉を食って酒を飲まないと、人の健康を傷うと聞いている」と言った。そして皆に酒を賜わってこれを赦した。三百人の者は秦が晋を撃つと聞き、皆従軍することを求めた。そして繆公が窘するのを見て皆鋒を推して死を争い、馬を食べさせてくれた徳に報いようとしたのである。

この逸話の史実としての信憑性には、やや問題がありますが、秦の一族が牧畜民だったなら動物の管理については、しっかりした慣習法が配下の民にもあったでしょうから、フラフラ歩いている主の見当たらない馬だからといって、捕らえて食べてしまったという人々は、元来の秦族ではない、むしろ狩猟採集民に近い人々だったようにも思われます。こういう人々も組み込んで拡大していったのが秦でした。

データ欄

Ⅲ『史記』商君列伝

孝公既用衛鞅、……以衛鞅左庶長、卒定変法之令。……令民為什伍、而相牧司連坐。……民有二男以上不分異者、倍其賦。……僇力本業、耕織致粟帛多者復其身、事末利及怠而貧者、挙以為収孥。……而集小郷邑聚為県、置令丞、凡三十一県。為田開阡陌封疆、而賦税平。……

Ⅲ『史記』商君列伝

孝公既に衛鞅を用ひ、……衛鞅を以て左庶長とし、卒に変法之令を定む。……民をして什伍を為りて相ひ牧司連坐せしむ。……民の二男以上有りて分異せざる者は、其の賦を倍にす。……力を本業に僇せ、耕織して粟帛を致すこと多き者は其身を復し、末利を事とする及び怠りて貧なる者は、挙げて以て収孥と為す。……而して小郷邑聚を集めて県を為り、令丞を置くこと、凡そ三十一県。田を為めて阡陌封疆を開き、而して賦税平たり。……

子路の時代からやや下った戦国時代、秦にやってきた衛鞅（後に商という場所に封ぜられて商鞅と呼ばれます）という政治家が、魯や三晋・衛など中原の諸国に比べて遅れていたとされる秦の政治を改革（商鞅変法）した（紀元前三〇〇年代後半）といわれています。なにせ『史記』十二諸侯年表には商鞅の頃に、「初税禾」という記載があるのです。素直に読めば、この時代になって「秦では穀物にも課税するようになった」という意味ですから、先にご紹介した魯の「初税畝」との違いは明らかでしょう。

　この改革に関しては、従来、夥しい議論がありますが、日本ではもっぱら、データ欄に示した「為田開阡陌封疆」などの字句の解釈を中心として、どのように耕地整理をしたのか、といった点に関心が集まっていました。が、その後に続く「而して賦税平たり」という言葉も問題だと思われます。その前にある「民の二男以上有りて分異せざる者は、其の賦を倍にす。……力を本業に僇せ、耕織して粟帛を致すこと多き者は其身を復し、末利を事とする及び怠りて貧なる者は、挙げて以て収孥と為す。」という文章も、家族形態をいわゆる単婚小家族に編成したものとして重要視され、それは確かなのですが、ここでも「賦」が出てきます。「賦」は、本来、軍事物資の調達を意味したようで、兵糧もさることながら武器材料も含まれます。つまり、成人男子が一家に二人も三人もいるなら、さまざまな物品の徴収量を倍にする、という意味になります。本業つまり穀物生産に力を入れ、粟帛、つまり穀物と絹織物をたくさん納めることを奨励しているわけです。こういう「お触れ」を出さねばならなかったということは、穀物生産だけをしている人々が、比較的少数派だったからではないでしょうか。

「事末利」という言葉の「末利」とは、従来、後世の「農本商末」などという成語に影響されて商業の意味に解釈されることが多かったのですが、こう考えると、むしろ、衷衛一族の後裔のような狩猟採集を業とする人々、或いは秦族本来の牧畜を継続している人々が多くいて、そのような非農業全体を指すと考えたほうがよさそうなのです。狩猟民は移動を常としますが、周王朝以来の狩場の権利を簡単には手放さない人々も居たはずです。ですから、耕地整理も、単に従来の耕地を編成し直したと見るより、大きな道路を作り従来の牧畜地や森林草原なども含めて大規模な区画整理をした、と考えられます。で、穀物を作らず狩猟採集や牧畜をする人々への課税はキツクなり、全体として農民への課税と均された、という意味のようです。

前述したように、これは戦国時代の秦で行われた政治改革ですが、中原にあった幾つかの国でも、ここまで徹底的ではなかったにもせよ、穀物中心の財政構造・統治方針を採るようになっていったのは、先ほど述べた「初税畝」の記録に照らしても確かです。多くの地域では、季節ごとの禁令という形で、狩猟採集活動に制限を加えていたようです。狩猟はもはや王様の特命を受けて営む王朝の重要な経済活動ではなく、「末業」と評価されるようになったのです。

こんな法令ができては、そうそう狩猟もできません。狐も狢も、西周期に比べれば入手しづらくなったことでしょう。

禁苑の野獣ランク

データ欄

Ⅳ 「睡虎地秦律」〇七四簡 田律

其它禁苑殺者、食其肉而入皮。

『龍崗秦簡』三二簡

諸取禁中豺狼者、毋罪。

Ⅳ 「睡虎地秦律」〇七四簡 田律

其の它禁苑の殺す者、其肉を食ひて皮を入れよ。

『龍崗秦簡』三二簡

諸ろの禁中の豺・狼を取る者、罪する毋かれ。

この秦から、後に始皇帝が出て、中国統一を果たします。近年あちこちから、当時の法律の写しと考えられる竹簡・木簡などが、たくさん出土しました。それらには、従来、伝世文献ではあまりはっきりわからなかった狩猟や牧畜に関する記述が、含まれていました。データ欄には、そのうちの、湖北省雲夢県睡虎地から出土したものと、同じく雲夢県の龍崗から出土した律文とを示しました。雲夢県は長江流域で、戦国時代には大国・楚の領域です。したがってこれらは、秦が楚を併合して以降のもので、ともに秦の禁苑——つまり国家の管理する森林に関する法律だと考えられています。特に『龍崗秦簡』の方は、出土した段階で折れたり朽ちたりしてバラバラになっていたものが多く、全体として、どういう法律体系だったかは、まだよく解っていません。

「睡虎地秦律」の〇七四簡は、「田律」というジャンルに分類される狩猟関係の法律です。で、「一般に禁苑で殺した動物については、肉は管理者あるいは仕留めた者が食べてよいが、皮は国庫に納入しなさい」という意味です。禁苑の動物の殺害については、捕獲した場所や野獣の種類ごとに細かく禁止項目がありますが、これらに抵触しない場合、という前提条件つきでです。皮革は、国家にとっても重要だったことがわかります。

さらに具体的なのが、『龍崗秦簡』です。禁苑は広く、中には猛獣もいました。で、三二簡では「もろもろの禁苑内でヤマイヌやオオカミを採る者は、罰しない」と言っています。が、本書で省略した三三簡では、シカやイノシシ・ナレジカ・ノロジカ、それにキツネ二頭を殺した者は、「完」―頭を丸刈りにする刑―を与え、城旦（男子）・舂（ショウ）（女子）という国家に使役される不自由民にせよ、というのです。国有財産を侵したことになるのでしょう。ところが、三四簡では、「ヤマイヌ・オオカミ・野生ブタ・ムジナ・キツネ・タヌキ・キジ・ウサギを殺しても、罪としない」とされているのです。ヤマイヌ・オオカミについては、三二簡を勘案すると、猛獣だから他の動物や人を害する恐れがあるので捕獲を認めた、と解ります。が、では、他の動物はなぜでしょう。いずれも小型の獣で、たくさん棲息しており、三三簡に見えるシカ類のように特別美味、というわけでもないから、ではないでしょうか。キジは日本では美味しい、とされているようですが所詮トリの肉で分量は少なく、どうも秦では動物について、食品としての肉利用が、法律的なランキングの基準に大きく影響しているように思われます。

でも、ここに、「狐貉」が登場しています。

これらは法律文書ですから、時代ごとに改定はあったでしょうが、いちおう、秦の領域に一律に指示されたと見るべきでしょう。つまり、狐も貉も、子路の時代から三百年ほど下った秦帝国の頃になっても、動物としてはそれほど珍しくなかった、ということになりましょう。

では、なぜ、「狐貉」は豪華な衣装、という解釈になるのでしょうか。

『礼記（らいき）』玉藻（ぎょくそう）の動物観

時代をさらに下った漢代（紀元前二〇六？—紀元後二二〇年）に成立した『礼記』という正統派儒家の経典があります。その中の「玉藻」という篇には、上層階級の衣服の様々な規定があるのですが、君主の衣装とされているものに、「狐白裘（こはくきゅう）」という言葉が見られます。「狐白裘」とは、狐の腋の下にある真っ白な毛だけを集めて作った裘で、君主はこれに錦で縁取りをします。黄色の絹で縁取ったものもあるようです。他に、「青裘」という青い毛だけの「裘」も高級品とされています。「士」の身分の者は「狐白裘」を着ることは禁止です。他の動物の毛皮に比べ、毛足が長く軽いので、より暖かいとされています。

つまり、高級品の「狐や狢の裘」とは、夥しい数の小形の動物を殺して外套にするものなのです。後世に描かれた図を参照して下さい。現代の洋装のコートと違って筒袖などでなく、長い袂です。成人男子の身の丈に合わせるなら、五匹や十匹の狐で作れるものではありません。さらにわずかしかない腋の下の毛だけを使うとなると、何百匹もの狐を使ったのでしょう。戦国時代には、斉の孟嘗君（?―紀元前二〇〇年代前半）が、これを秦王に献じたという逸話もあります。また、おおむね戦国期にできたと考えられる『管子』という本には、この「狐白」の一大産地として「代」という地名（?）が記され、斉の桓公の宰相・管仲が、代を滅ぼすための策略として、代の人々を「狐白」集めに集中させ、他の産業を衰退させて代を攻略した、という逸話もあるのですが、これについては次の第五話でお話しします。

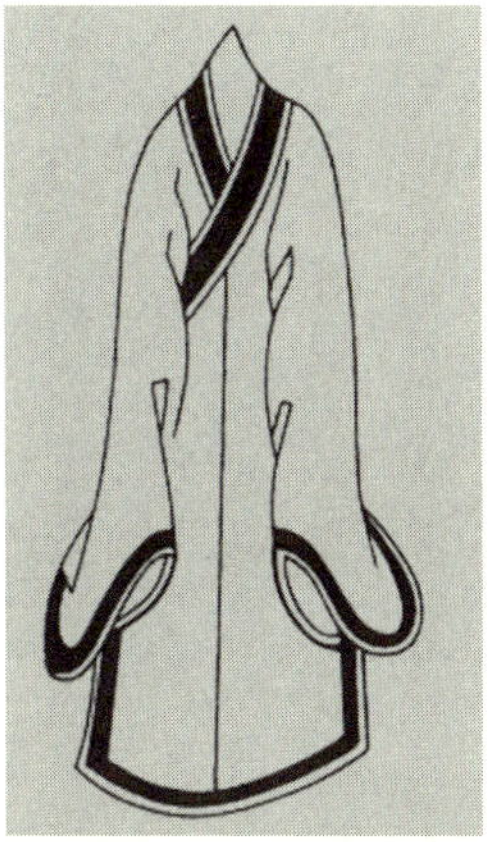
狐裘

なお、「玉藻」には、肉食に関する規定もあるのですが、「君は理由なく牛を殺してはならず、大夫は理由なく羊を殺してはならず、士は理由なく犬・豕を殺してはいけない。君子は庖厨から遠ざかるべきで、およそ、血気の類――屠殺すること――は自分自身では行わない」という一文もあります。特別な祭祀・儀礼で、牛・羊・豕を揃える「大牢」といった祭祀儀礼の規定もあるのですが、そういう特殊な日でなければ、天子でも牛を屠殺しない、とされているのです。漢代に入ると、いかに肉食が衰退し、「特殊ケース」扱いされていったかがわかります。前漢時代、おめでたいことがあった時、皇帝から一般庶民の女性に「牛酒」の賜与があったことについては、西嶋定生氏の詳細な研究がありますが、氏は、これが後漢（紀元後二五―二二〇）になると非常に少なくなることも指摘しておいでです。穀物畑の拡大につれて、牛の飼育頭数が激減していったようです。

家畜である牛についてさえ、こうですから、「肉を食べた余り」とみることもできる毛皮の利用は、野獣の場合なおさら、特別なものになったようです。

こういう後世の意識が、子路の行動の解釈にも付きまとっているように思われます。

狐貉って何？

春秋時代末期の子路の話に戻りましょう。

『春秋左氏伝』の襄公十四年に「狐の裘に羔の袖」という言葉が見えます。意味としては、「ほとんどが善であるけれども一部に悪がある」ということの譬えに使われています。つまり、「狐を使った豪華な身頃に、ありきたりで見栄えの悪いコヒツジの毛皮を使った袖のついた裘」という意味です。家畜であるコヒツジの毛皮は普遍的で、春秋時代、ランクが低かったことが窺えます。そして、こういうパッチワーク的に毛皮を継ぎ合わせた衣服も存在していたことが判ります。

子路自身が着ていた「破れた縕袍」の方は、確かに粗末な衣服でしょう。が、果たして「狐貉を着た人」が、本当に高位高官あるいは富豪だったのでしょうか。子路が、気にも留めなかった「狐貉」は、従来の注釈を気にしないで文字通りに、狐と貉の毛皮の継ぎ合わせ、とも読めるのではないでしょうか。

無論、象徴的な意味で、「総狐の裘や総貉の裘」のような高級品、と理解するのが普通です。斉の景公の頃、名宰相として名高い晏子（あんし）には、「狐裘三十年」――一着の狐の裘を三十年も着続けるほど倹約家であった――というエピソードもあります（もっとも、これまた、漢代文献の『礼記』ですが……）。が、逆に言えば、一国の宰相なら、いくら高級品でも三十年も着続けないで、適宜新調するのが「常識」だった程度の品物、ということにもなりましょう。

狐自体は、前述の通り、秦の時代になっても普遍的な動物です。狐と貉の毛皮を継ぎ合わせて、袖なしで短いポンチョのようなものに仕立てているなら、それほど、高級なものとは思われません。むしろ、裘衛の一族のような、狩猟を生業とし続けた人々が、そんなパッチワークを着用に及んでいたかもしれないのです。

が、狩猟採集・牧畜民は、春秋時代になると、「夷狄（いてき）」と呼ばれるようになります。孔子自身には、「萊夷（らいい）」に対し、叱咤して同席を拒否した、というエピソードも残ります（もっともこれは、外交上の駆け引きとして、という説話ですが）。「夷狄」と呼ばれる人なら、狐と貉のパッチワークポンチョを着ていた可能性は大いにあります。で、孔子様は「夷狄」を軽蔑しておいでなのに、子路の気質は「ボロボロの服で、夷狄の連中とも平気で対等に付き合って恥ずかしがりもしない」と、揶揄されたというお話には、読めないでしょうか。

まあ、これはいささか穿ちすぎの解釈でしょう。たぶん、高級衣料の「総狐の裘や総狢の裘」をヌクヌクと着込んでいる人に対して、「恥ずかしがらなかった」という従来の解釈が正しいのでしょう。が、では、その時の子路自身の心理は、どうだったのでしょう。後世の注釈が標榜するほど「社会の支配層に対して傲然（ごうぜん）と己を持した」という意味に取れるかどうか、疑問に思われます。

『史記』の「仲尼弟子列伝」が描く、孔子と初対面の時の子路は、オンドリを冠にして、コブタを腰にぶら下げていた、というのです。「勇を好んだから、その象徴なのだ」と後世の儒家は解釈していますが、いささか苦しい。狩猟あるいは牧畜業・屠畜業（漢代・武帝期には専門職になっています）に近しかった可能性もあるのではないでしょうか。少なくとも知識はあり、偏見はなかったでしょう。そして、狐や狢を何十匹も殺して作る裘に、その残酷さを熟知していた子路は、大した価値を認めなかったのではないでしょうか。富んだ人を「羨まない」のではなく、残酷な毛皮を着用に及ぶ「無神経さ」を馬鹿にしていた可能性はないでしょうか。

いや、子路は、孔子に入門して以来、敬虔にその教えを守ったのだ、と反論があるでしょう。が、もしこの話が、孔子の教えを受けて周王朝の復元を理想としたと言われる「礼」を学んだ後のことなら、なおさら絹製の衣服の「先進性」の方に、プライドを持っていたかもしれません。

日本でも、『源氏物語』の末摘花が、黒貂の皮衣で寒さを凌いでいることを、「若やかな女の装いには似つかわしくなく仰々しい」と評し、「初音」の巻では、その皮衣を「兄の醍醐の阿闍梨にあげてしまったので、寒い」という末摘花に、源氏は、「毛皮は、寒さ避けにはいいものですから、出家にさしあげるのが妥当でしょう。お寒いのなら、この白い絹を、どうして七重にも重ねて着ないのです」と、応じています。遣唐使を廃止し、国風文化華やかになれば、渤海からの輸入品だったという説もある「黒貂の皮衣」は流行遅れとなり、「毛皮なんてダサイ」という感覚がトレンディで、柔らかな絹（むろん、養蚕の産物です）の重ね着がオシャレになったのです。

はるか下った明代になると、満州族王朝に徹底した抵抗を貫いた船山・王夫之（一六一九〜一六九二年）は、「夷狄」の風習を「獣衣・飲血」と呼び、蔑んで憚りませんでした。契丹・女真・モンゴルの支配を受け、抵抗の思想としての民族意識が高まるとともに、穀物を食べ絹織物を着るのが「中華」の正統な在り方、と見る思想は、強化されていったようです。子路が、「夷狄」を低く見る孔子の言行に忠実だったとしたら、こういう考え方を先取りしていたのかもしれないのです。

でも、もう一つ、可能性があります。「あんなもの着なくたって、オレ寒くない」と思っていたケースです。

九〇年代日本での毛皮衰退には、不景気や動物保護運動といった経済的、思想的影響のみならず、都会の冬に毛皮など要らなくなってきた温暖化も、関係していました。
春秋末期の子路の時代、再び華北は次第にゆっくりと、暖かさを取り戻す傾向にあったのです。

参考文献

小倉芳彦『中国古代政治思想研究―『左伝』研究ノート―』(青木書店、一九七〇年)
原宗子『古代中国の開発と環境―『管子』地員篇研究―』(研文出版、一九九四年)
袁靖「論中国新石器時代居民獲取肉食資源的方法」(『考古学報』一九九九年第一期)

第四話 「株を守る」のウラ事情
——戦国期中原の開発と鉄器——

なぜにハタケに木の根っこ

『韓非子（かんぴし）』五蠹（ごと）篇にある「株を守る」という話は、中学や高校の漢文の教材としてもよく使われますから、ご存じの向きも多いでしょう。

宋の人で耕地を耕す者がいた。耕地には木の根っこが転がっていた。ウサギが走ってきて根っこにぶつかり、首の骨を折って死んでしまった。そこで、宋の人は、耒（らい）（スキのような農具）など放り出して根っこをじっと見守り、またウサギが手に入ることを願った。ウサギは、むろん、二度と得ることなどできず、彼は宋国の笑いものとなった。

というお話です。

I 『韓非子』守株

宋人有耕田者。田中有株、兎走触株、折頸而死。因釈其耒而守株、冀復得兎。兎不可復得、而身為宋国笑。

『韓非子』株を守る

宋人に田を耕す者有り。田中に株有り、兎走りて株に触れ、頸を折りて死す。因りて其の耒を釈てて株を守り、復た兎を得んことを冀ふ。兎復た得べからずして、身は宋国の笑ひと為れり。

北原白秋の「待ちぼうけ」（山田耕筰作曲）が、このお話を翻案したものであることも、ご承知ですね。

で、一般に、このお話の寓意は、地道な農耕・穀物生産を投げ出し、偶然ウサギが走ってきて、たまたまそこにあった木の根っこにぶつかるなんて普通はありえない、「僥倖」を望んではいけない、射幸心を持つことは戒めましょう、といった受け止められ方をしています。『韓非子』がこの逸話を収録した意図も、基本的に、そのような農業労働の推奨にあったことは確かでしょう。

が、本当に、ウサギが耕地に走ってきたり、木の根っこが畑の中にあるなんてことは、「たまたま・偶然」なのでしょうか。

宋という国柄

春秋戦国時代の宋という国は、『史記』宋微子世家などの伝えるところでは、殷王の子孫、詳しく言うと、殷王朝最後の、悪名高い紂王の腹違いの兄である微子開という人物が、西周初期に、殷の祭祀（祖先をお祭りすること）を引き継ぐべく宋（現在の河南省商丘付近）の地に封建されてできた国、ということになっています。微子開は、即位した弟・紂王の所業をしばしば諫めたものの受け入れられず、箕子や王子比干といった殷の王族とも相談して亡命していましたが、紂王が周の武王によって滅ぼされた時、武王に礼を尽くして降伏し、元来の殷の王族としての地位を保証されていました。この時、武王が殷王朝の祭祀を引き継ぐべく封建したのは紂王の子・武庚でしたが、武王の没後、武庚は管叔・蔡叔といった旧殷の勢力とともに叛乱を起こします。武王の後を継いだ幼い成王を補佐した、とされる武王の弟・周公旦らによって、叛乱は鎮圧され、微子開は、武庚らに替わって、殷の祭祀を引き継ぐことになったのだ、とされています。つまり、宋は、殷王朝の文化伝統を継承した国、といえるでしょう。

殷の祭祀、文化伝統って……。第一話に述べたことをご記憶でしょうか。そう、殷の王様は三日と上げず狩をしていたんですね。その獲物をお供えして、上帝や祖先や山川に祈ることが重要な王の役割でしたね。宋が殷の祭祀を受け継いだ、ということは、当然、そのような儀礼の実行が可能な条件も残っていたはずで、事実、『爾雅』という古代の事典には、各地の「藪」を並べた項目の中で、「宋には、孟諸という藪がある」、としています。日本語で「藪」というと、およそ経済的価値に乏しい雑木林、といったイメージがありますが、『爾雅』のいう「十藪」は、「草木魚鼈が豊富な場所十か所選」の意味で、つまり豊かな自然資源獲得の可能な美林ランキング、なのです。ですから、宋では国都・睢陽に近いこの孟諸沢などを利用して、周の時代になっても、宋公の一族による殷以来の祭祀継続に必要な狩猟が行われていたと考えられます。

が、春秋時代は狩猟・採集経済での生活が次第に困難となる寒冷期、周族の政治支配方針の下、宋国の政治全体としては当然、穀物生産中心の経済政策、具体的には、統治下の邑に定量を割り当てて穀物を徴収する政治方針に転換していたと思われます。春秋の五覇に誰を挙げるかについては色々な説がありますが、その一人に宋の襄公を挙げる意見もあるように（「宋襄の仁」などと皮肉めいた悪口も言われていますが）、宋国が一定程度の軍事力・政治力を保ったと考えうるなら、その背景に、たぶん、穀物生産の発展もある程度考えねばならないでしょう。

ということはつまり、孟諸沢のような公的管理が実施されたであろう美林を除けば、かなりの森林で、耕地へと開発すべく、伐採が試みられたと思われます。

春秋初期の耕地整備

春秋時代初期の耕地開発については、『春秋左氏伝』という書物に、有名な鄭の宰相・子産（紀元前五〇〇年代前半）が語った逸話として、以下のような記述（データ欄II参照）があります。
周王の居場所（あえて首都という言葉は使いません。当時の華北に、一定の広がりを有する領域を「国家」とみなし、その中心的な都市を「首都」と称する、という考え方があったとは思われないからです）が、関中の鎬京から黄河中流域の洛邑に替わった際を、いわゆる東周の初め、すなわち春秋時代が始まった時点としています。その折、西周末期に鎬京近くの鄭という国に封ぜられていた桓公友という人が、洛邑の東方に新しい鄭国を開いた時の話です。鄭は周の王族の分家ですから、当然、周王朝開闢以来周族が隷属させてきた殷の遺民（商人―しょうひと―）を、分け与えられ支配していました。新しい国を建設するに際し、桓公友は彼等にも、関中から鄭の公族とともに洛邑付近に移住し、新都市建設を手伝ってくれるよう頼んだというのです。そして、その代償として流通業の自主的経営を認めることにした、という逸話です。この逸話は、殷の遺民を表す「商人」という言葉が、マーチャントの意・流通業者の意を示す「商人」という言葉になった起源だ、という見解が、小島佑馬氏などによって唱えられているように、有名なエピソードです。

データ欄

II 『春秋左氏伝』昭公十六年 伝

昔我先君桓公、与商人皆出自

II 『春秋左氏伝』昭公十六年 伝

昔、我が先君桓公、商人と与に皆周より出づ。庸る次

周。庸次比耦、以艾殺此地、斬之蓬・蒿・藜・藋而共処之。世有盟誓。以相信也。曰、爾無我叛、我無強賈、毋或匄奪。爾有利市宝賄、我勿与知。恃此質誓。故能相保、以至于今。……

ぎて比耦し、以て此の地を艾殺し、之が蓬・蒿・藜・藋を斬りて共に之に処る。世盟誓有り。以て相ひ信ずるなり。曰く、爾我に叛く無ければ、我強ひて賈ふ無く、匄奪或ること毋けん。爾利して市り宝賄有るも、我与り知る勿けん、と。此の質誓を恃む。故に能く相ひ保ち、以て今に至る。……

新しい町を建設する作業について、鄭公の一族も商人たちも皆一緒に並んで、交替でこの土地の草刈りをし、ヨモギやアカザなどの草類を薙ぎ払った、と記されています。『春秋左氏伝』は、いつ出来たのか議論のある本ですが、たぶん、戦国時代にはその基の文献が出来上がっていただろう、という考え方が、近年では有力です。ですから、この文に用いられた文字にあまりこだわるべきではないかもしれませんが、少なくとも、ここでは、鄭が新市街を作った場所は草原だった、と記されていると言えるでしょう。第一話で述べたように、新鄭の付近は、新石器時代、稲作も行われていた場所ですが、それもおそらくは、河川沿いに草地が広がっていて、水田を造成しやすかったからでしょう。それもそのはず、春秋時代まで、人が使う道具の大部分は石器でした。殷や周の王の祭祀に用いられた青銅器は、途方もない強大な権力を集中させ、多くの工人を使役して製造されたもので、特殊で貴重な道具です。青銅製の斧も若干は出土していますが、祭祀・儀式用だったと考えられています。ですから、通常の土木工事や開墾に際して、石の斧や石包丁のような刃物で薙ぎ払える植物は、柔らかい草類でしかなかったわけです。したがって開墾できる土地にも制約があり、草原だった場所が、まず、優先的に農地に変貌したと考えねばなりません。

ところが、戦国時代になると、事情は大きく変わりました。鉄器の使用が普遍化したのです。鉄器の普及は、一般に「農業生産力の向上をもたらした」などと語られることが多いようです。実際、長期的には、そういう機能がありました。ただ、鉄製のスキやクワなどの農具で土地を深く耕して穀物の出来がよくなる、といった効果が出現する以前に、鉄はまず、森林の樹木を切り倒す斧として役に立ったのです。そこで、『墨子』という書物には、「宋に長木（大きな木、の意）なし」などという言葉まで残るほど、戦国末期ともなると宋の森林は伐り倒されてしまいました。平坦な地形が、伐採の速度を速めたことでしょう。さしもの孟諸沢も、消滅していったようです（この『墨子』の記述は逆に、『墨子』成立の時点では、斉や燕、秦といった中原以外の地域には大木が残っていた、と推定させる材料にもなりますね）。

ウサギはどこから？

さて、「株を守る」の話に戻りましょう。

宋人は、田、つまり耕地を耕していたのですね。中国古典に出てくる「田」という文字は日本での用法と異なり、まずは「区切られた土地」を意味し（ですから、古くは、土地に縄など張って狩猟区画を確定し、四方から人が並んで獣を追い込むこと、つまり狩猟のことを「田」と呼んでいました）、やがて「区切られた耕地」の意味、あるいは耕作労働そのものを示す文字になりました。ですから、ここでいう「田」は、北原白秋がいみじくも解釈しているように、「涼しいキビバタケ」にするつもりの畑地だったでしょう。日本語の「田」が、通例、水田を意味するのとは異なります。

では、なぜ、その畑の中に、木の根っこなんてあったのでしょうか。そう、ここは、もともと木の生えていた場所、つまり森林だったはずです。日本で「アラキズキ」などと呼ばれるものに似た、開墾地用の農具を用いたのか、あるいは、根っこなどは耕作を始める前に焼き払ったか（森林を焼き払って開墾した、という話は、中国古典でも神話的説話の中で、よく語られています）、判然としませんが、ほとんどの樹木の根っこなどは、ハタケにする過程で取り除かれたことでしょう。が、どうも、この「宋人」さん、元来ちょっと、テヌキしがちの性癖だったのか、退かしていない根っこが残っていたようです。こんなことは、鉄器で森林を伐採して造成した耕地でなければ起こりえません。新しい鄭を建設したような草原だった場所なら、綺麗に整地したハタケに、わざわざ木の根っこを運んできて放っておくなんて、ちょっと考えられませんね。

さて、そこにウサギが飛んで出たのですが、このウサギクン、どこから来たのでしょう。無論、当時、動物園とか小学校の飼育小屋とかはありません。ウサギの生態としては、草原に棲むもの、森林に棲むものなど、種によっていろいろですが、木の根っこがあるのも気づかず、文字通り「脱兎の如く」走ってきたとすると、狼か虎か、猛獣にでも追われて逃げてきたのではないでしょうか。つまり、この耕地の近隣には、ウサギあるいは猛獣まで生息できるような森林や草原が残存していた、と理解する必要があります。穀物生産の重要度は増したものの、孟諸沢のような著名な公的森林だけでなく、人家近くにいつまでも森林が残っているのは、宋が殷の文化を受け継ぎ、狩猟・採集可能な森林の伐採が、他の諸侯の国に比べると、遅れ気味だったからかもしれません。

おまけに、人の心の方は、そう簡単に生活習慣や生き方を変えるわけにもゆかないものです。宋の殿様から穀物の納入を命じられたから、民は穀物を作らねばなりません。が、耕地を耕し、タネを蒔き、雑草を除去して（これが、後で述べますようにモノスゴくタイヘン！「田の草取り」は、「疲れる」ことの代表格で、「オベッカ遣いの輩と付き合うのは、夏の田の草取りより疲れる」、なんて曾子が言った、と、『孟子』に書かれています）、刈り入れを待つのは、ずいぶんと根気の要る暮らしです。少なくとも、今日働いた成果を今日得られるわけではありません。タネを蒔いた以上、それが収穫できるようになるまで、定住していなければなりませんから、気軽に旅行なんて無理です（その自由も与えられていなかった人が多かったようですし……)。運よく豊作に恵まれても、その収穫物をこの先一年間食い繋いでゆけるよう、生活の計画的コントロールも必要になります。

これに比べて、目ざとく獲物を見つけ、優れた身体能力と技術とを駆使して、狩の獲物を求めるなら、成功すれば、少なくともその日のお惣菜は得られます。どこに行くのも自由、獲物を追って西東、という暮らしですね。ただし、獲物が獲られなければ飢え死にする「自由」とも隣り合わせですが……。安定的農業生産を実現するには、こうした狩猟生活とは異なる心構えが必要になるわけです。

そんな現実に馴染めない人も、宋には、かなりいたのではないでしょうか。

ウサギが、木の根っこにぶつかる、なんてことは、確かに珍しいことでしょうが、ウサギのいそうな場所に出かけて行って狩をすることは、それほど無理なことではありません。そんな場所が近くにありさえすれば、そしてハタケ仕事の方を、ちょっとお休みにすればですけれど……。近年の考古学の成果によりますと、漢代になっても、農民の居住地と思しき場所から出土する動物の骨には、かなり、家畜以外の野生動物のものが混じっているようです。つまり、農民も、野生動物の狩猟で、栄養補給していたことになります。

また、少し時代が下った戦国末期の情況を伝えているらしい「守法・守令等十三篇」と仮称されている文献が、山東省銀雀山から出土していますが、そこでは、農民が狩猟に出かけてよい日が指定されていて、「お休み」扱いになっています。後代になるほど、狩猟をする習慣への締め付けはキツくなって、農民は年中耕作に従事せよ（国家が徴収する穀物の生産に集中しろ、という意味になりますね）、といった政治方針が徹底していったようです。

東アジア農業の「大変」さ

でも、「七月」の村の人々は、ほどほどに楽しく、穀物生産に取り組んでいたように読み取れましたね。おなかを満たすご飯も、お祭りに欠かせないお酒も、穀物から作るのですから。為政者が、強制的に、農業生産を奨励しなければならない、という事態は、なぜ生まれたのでしょう。

むろん、税として穀物を徴収する、ということが、民の負担にはなったでしょう。でも、それだけではなく、西欧などと異なり、中国のみならず東アジア一帯の農業は、「大変」だったのです。それは、前にもちょっと述べたように、「草取り」が、重労働だったからです。東アジアモンスーン地帯では、夏に雨が降ります。これを利用して、イネ・アワ・キビが育つのですが、同時に雑草も育ちます。これに比べると、西欧では、冬が雨期です。ですから、コムギを栽培するわけです。冬には、それほど雑草が生長しません。ですから、西欧の除草は、馬などの家畜を利用して、夏の終わりに雑草ごと土を掘り返し、雑草を緑肥にしてしまえば済むので、早くから、畜力利用が進みました。ところが、東アジアでは、そうはゆきません。雑草の育つ夏、ハタケにはもう、穀物の苗が育っているのです。そこで、作物を傷つけないよう、一本一本、手で除草しなければならないのです。ですから、農業自体は大変早く発達したのですが、家畜利用は、近代になるまであまり進みませんでした。このように手作業を必然とする労働のあり方を、西山武一氏は「東アジア農業のモンゴールブルー」と呼んでおいでです。

おまけに、森林が減少した後の華北では、さらに必要な労働が増しました。森林がなくなると、その地域は、空気も乾燥してゆくからです。

華北の多くの場所では、俗に「黄土」と呼ばれる土壌に覆われたところが多いのですが、これがクセモノです。「黄土」と一般に呼ばれる土壌は、もとはといえば、現在の青蔵高原付近がヒマラヤ山脈の隆起に従って乾燥してゆき、土の表層部分が風に乗って華北に降り注いだものです。風に乗るほど細かい粒子ですから、均質な堆積になります。そこで、土壌の中に毛細管ができるのです。地表の空気が乾燥すると、この毛細管を伝って地下水が上昇し、空気中に蒸発してゆきます。植物に必要な水分は、こうして、どんどん失われてしまうのです。なお、幾つかの中国史関係の概説書に「黄土は肥沃だ」といった記述があることに気づかれた方もありましょうが、これは誤解です。この誤解の根は深く、リヒトホーフェンという十九世紀末の学者の仮説に端を発しているのですが、この問題についてはとても複雑ですから深入りするのを避けましょう。

そこで華北では、春秋時代くらいから、これを防ぐために「耰(ゆう)」という農作業が、ハタケ作りの工程に加わりました。「耰」というのは、図のような道具です。
「論語」微子篇に、長沮と桀溺という人物が一緒に耕作（「耦耕」と表現されています）しているところへ、孔子たちの一行が通りかかり渡し場を尋ねる、という話があります。聞きに行った子路に、二人は答えてくれず、桀溺の方は、「耰」という作業の手を休めることもしなかった、という表現が残っています。

「耰」という作業は、掘り起こした土の塊をバラバラにする作業です。湿潤な日本では考えられませんが、華北では上述した、微細で均質な粒子の土壌であるため、掘り起こした土を放置すると、塊のまま固まって、日干しレンガのようになってしまうのです。これを防ぐために、「耰」で砕いてバラバラになった土を、掘り起こした後の溝に蒔いたタネにかけます。こうすると、単に土粒が細かくなるだけでなく、タネの蒔かれた地層と、地表面の間に、バラバラになった土粒がかかることになります。これによって、地下から続いている毛細管は切断され、地下水の上昇を食い止めることができるのです。魏晋南北朝以降（四世紀頃～）になると、この作業は、耙や労など家畜に引かせる道具でするようになってゆきます。が、春秋戦国から漢代は、手作業が必須でした。

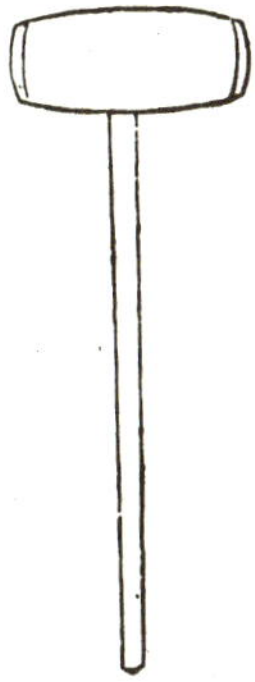
耰

こんな作業までせねばならないのでは、華北の農耕はどんなに大変だったことでしょう。遠くに見える森に逃げ出したくなる人がいても、不思議はなかったように思います。

さて、「宋人」さんは「耒を釋てた」だけでしたね。「耒」とは、図上左のような道具です。木の枝に、古くは石器の刃を、後には鉄器の刃をつけ、向こう側に押して、土をはね除ける道具、とされています。日本の手農具・クワが、向こうから手前に引く動作なのとは逆の動きになります。

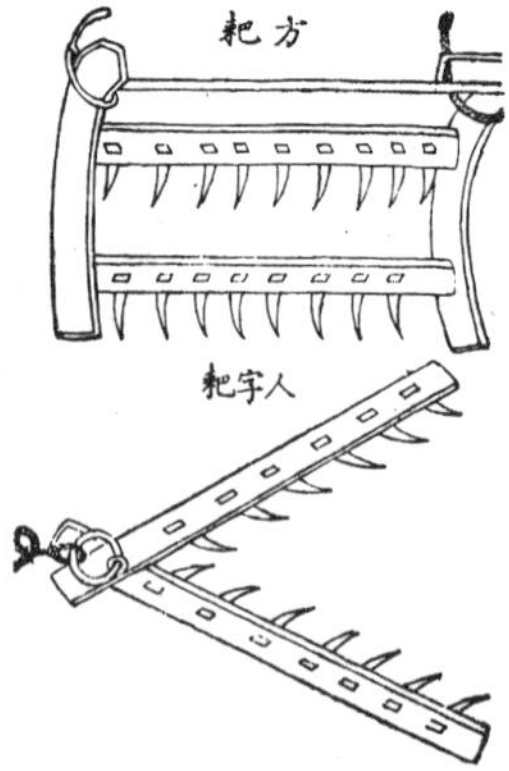

上左：甲骨文の耒
上右：魏晋期以降の家畜索引用整地用具（耙）
中　：嘉峪関壁画磚の耙
下　：現代の耙

「宋人」さんは、これ一本だけ携えていて、「耰」などは準備してもいなかったのではないか、と私は思っています。

なぜなら、この耕地は、森林を伐採して造成した直後で、おまけに近隣に森林が残っていた、と考えられるからです。森林だった土地には、樹木伐採後も、一定の期間は有機質が残ります。枯れ葉・枯れ枝や動物の糞尿、あるいは昆虫など小動物の遺骸などが土壌に含まれていると、それらが分解して、腐植という黒い物質になります。この腐植には、土の粒と粒を繋いでおだんごのようにフンワリ丸く纏まった状態（団粒構造といいます）にする働きがあるのです。そこで、細かく均質な土粒でも、土粒と土粒が柔らかく纏まり、水分を保持することができます。ウサギが棲んでいるような森林が近くにあれば、空気もそれほど乾きません。そういう場所では、「耰」など必要ではないのです。「宋人」さんは、ハナから手軽な耕作ができる状況にあったといえましょう。

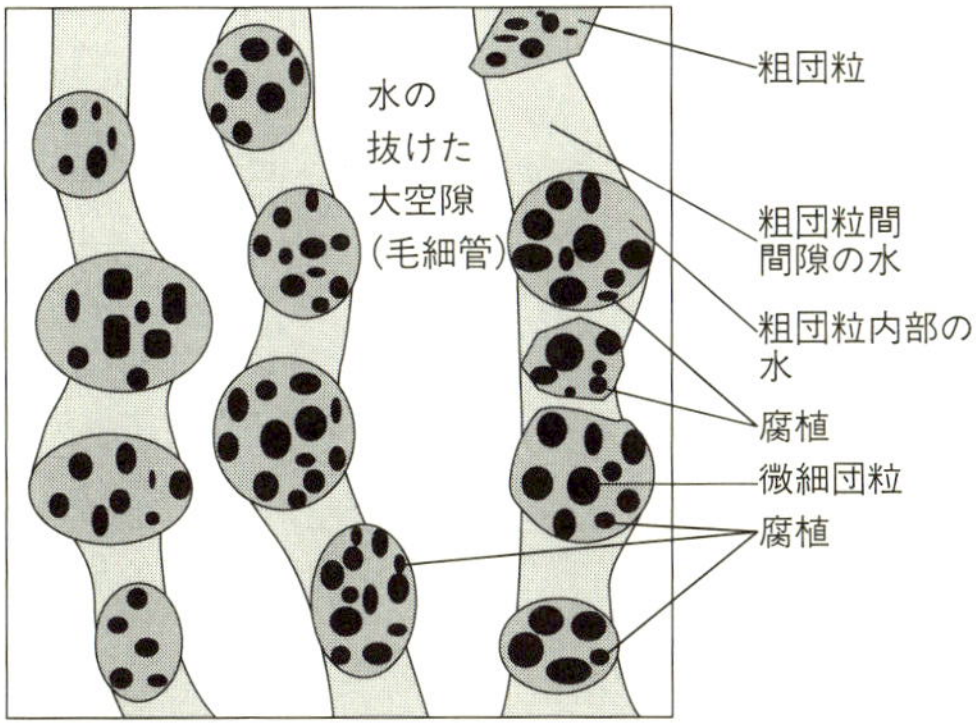

団粒構造概念図
（土粒が整列していると大空隙が毛細管になる）

　これに比べて、孔子一行が長沮・桀溺に渡し場を訪ねた場所は、河の近くだったはずですから、もともと河べりで草原か湿地だった所なのでしょう。そういう所に作った耕地は、森林を伐採して作った耕地より、早く有機質が失われ、乾燥してゆくので「耰」が必要になります。
「耰」が必要ないような農業は、宋でも、それほど長くは続かなかったことでしょう。

「株を守る」の出現条件

このお話の「宋人」さんは、「宋国の笑い者となった」と、『韓非子』は書いているのですが、実は、宋の国の住人が笑ったのではなく、宋の支配下にあった人々は、こういう人物を笑うようになるべきだ、と『韓非子』の執筆者が考えていたのではないでしょうか。

狩猟採集文化をいつまでも大切にしていて、なかなか耕地化が進展せず、あちこちに森林が残存し、住人の気風も、とかく「一発逆転」狙いのようなチャンスを待ちたがる性癖があって、コツコツ畑仕事に精出すような地道な暮らしぶりに馴染まない者が多い、そんな気風の残る地域の土地柄を、『韓非子』はいまいましいものと受け止めていたのではないかと思われます。『韓非子』は、ご承知のように、いわゆる「法家」の考え方を集めた書物だとされていて、その主張として、人々を一元的・統制的に支配しようとする立場が貫かれている、と見做しうるからです。

この逸話、あるいは創作説話は、現代においても全国いたる所の農村に「里山」が残り、耕地に野生動物が出現して当たり前、といった日本列島の環境の中で暮らしている私たちには、ちょっと思いつき難い背景から生まれたように思います。すなわち、鉄器の普及が森林伐採の進行と耕地開発の激化を生み、野生動物の棲息できる場所も減少傾向を見せる、という戦国期の環境変化が発生し、でもまだ、土壌や空気が乾燥しきってはいない耕地が残る段階で、その環境変化とそれに対応しきれない人間の心の戸惑いとが交錯した、微妙な転換点の時代でなければ生まれないお話ではないでしょうか。いわば華北の環境変化の中で、ある一瞬にだけ窺いうる「人間と自然環境の葛藤」の横顔だった、と感じられるのです。

つまり、元来、宋に森林があり、鉄器の普及と耕地開発とが、それを消滅させていった、という前提条件がなければ、宋の耕地に、木の根っこも、ウサギも、出現しなかったわけで、決して偶然の産物ではありません。しかも、すぐ次の時代には、この状況さえ消失してしまう一刹那を捉えたお話なのです。

参考文献

小倉芳彦訳『春秋左氏伝』上・中・下（岩波文庫、一九八八〜八九年）
岩田進午『土のはなし』（大月書店、一九八五年）

第五話　ホントは怖い（？）「一村一品」政策
――春秋～漢代の斉の特殊性――

古代の居住空間

古代中国と一口に言っても、春秋時代に「国」は三百余あったとする説、いや四百に上るとする説もあり、それらが散らばっていた地域も相当な広範囲にわたりますから、それぞれの「国」が立地する環境もさまざまでした。また、「国」という文字の正字は「國」で、口（くにがまえ）の中に、戈（ほこ。武器の象徴）と、口（くちのかたち）と一（横棒）とを組み合わせた形ですが、この最後の「口＋一」の意味については、「祝詞を入れた箱を供えた形」と見る説や「祀りをする土壇」と見る説など一定しないものの、祭祀を意味すると考える点では共通しています。つまり、城壁（土塀）の中に、戦争と祭祀を共同で行う人々が居住する、という意味を表しているのです。定住する場所を呼ぶ言葉としては第三話で触れた「邑」という文字もあり、「邑」と「国」との意味の異同に関しては議論もありますが、その外側には、当然、森林草原が広がりそこを生活領域とする人々も居たのです（その人たちの居場所を「落」とか「部落」とか呼んでいる文献もあります）。そのような森林草原の中に、「国」や「邑」を居住地とする生活スタイルの人々が進出し、駐屯したのが、西周から春秋時代の華北でした。戦国時代には、「国」の内部だけでなく、外部の森林・草原も、有力な「国」が面的に支配するようになります。こういう支配を行った国家を、通常「領域国家」と呼び、「主都」的な都市も出現しました。そのうち、西周初期から戦国末まで一貫して「大国」であったのが、東方の山東半島を根拠地に、勢力を拡大していった斉でした。

データ欄

Ⅰ『史記』貨殖列伝

斉帯山海、膏壌千里、宜桑麻、人民多文綵・布帛・魚塩。臨菑亦海岱之間一都会也。

Ⅱ『漢書』地理志

古有分土、亡分民。太公以斉地負海舄鹵、少五穀而人民寡、乃勧以女工之業、通魚塩之利、而人物輻

Ⅰ『史記』貨殖列伝

斉は山海を帯び、膏壌千里、桑麻に宜しく、人民多く文綵・布帛・魚塩す。臨菑は亦た海岱の間の一都会なり。

Ⅱ『漢書』地理志

古へは分土有りて分民亡し。太公、斉地の海を負ひて舄鹵、五穀少なくして人民寡なるを以て、乃ち勧むるに女工の業を以てし、魚塩の利を通じて人物輻湊す。

湊。後十四世、桓公用管仲、設軽重以富国、合諸侯成伯功。……故其俗弥侈、織作冰紈・綺繡・純麗之物、号為冠帯衣履天下。

……初太公治斉、修道術、尊賢智、賞有功、故至今其士多好経術、矜功名、舒緩闊達而足智。其失夸奢朋党、言与行繆、虚詐不情、急之則離散、緩之則放縦。始桓公兄襄公淫乱、姑姉妹不嫁、於是令国中民家長女不得嫁、名曰「巫児」。為家主祠、嫁者不利其家。民至今以為俗。痛乎、道民之道、可不慎哉。

後ち十四世、桓公、管仲を用ゐ、軽重を設けて以て国を富まし、諸侯を合して伯功を成す。……故に其の俗は弥よ侈にして、冰紈・綺繡・純麗の物を織り作し、号して天下に冠帯衣履すと為す。

……初め太公の斉を治むるや、道術を修め、賢智を尊び、功有るを賞す。故に今に至るも其の士多く経術を好み、功名を矜り、舒緩闊達にして智に足る。其の失は朋党に夸奢し、言と行繆ひ、虚詐も情とせず、之を急むれば則ち離散し、これを緩むれば則ち放縦たり。始め桓公の兄襄公淫乱にして、姑姉妹は嫁さず、是において国中に令し民家の長女嫁するを得ず、名づけて曰く「巫児」と。家の為に祠りを主どり、嫁するは其の家に利あらず、とす。民今に至るも以て俗と為す。痛ましいかな、民を道びくの道、慎しまざるべけんや。

斉の自然環境と社会構成

第四話に述べた宋は、黄河中流域の中原と呼ばれる地域にある国ですが、その北には、孔子の生まれた魯があり、斉は、さらに霊峰・泰山を挟んで少し離れた東方にあります。斉は、周初、武王の舅にあたる太公望・呂尚（姜子牙）が封建され、「萊夷」と呼ばれる土着の人々と争って根拠地を造営したと伝えられています。戦国期には泰山以東の膠東半島一帯はもちろん、西側にも領域を拡大する大国となりました。が、その土地柄について司馬遷『史記』は、データⅠに示したように「膏壌千里、宜桑麻」つまり、油のようにしっとりした土壌が千里も続き、麻や桑の栽培に適している、と述べています。麻や桑を栽培しているのですから、当然織物業が盛んなわけで、人々が多く従事する産業として「文綵布帛」とあるのは、模様を染めたり刺繍をした麻布や絹織物の生産、という意味です。むろん、海に囲まれた半島という地理的条件から、漁業や製塩業も盛んだ、としています。

ほぼ同じような、織物業と海産物に富む産業構造を、班固の『漢書』も描写しているのですが、こちらは、その理由として「負海舃鹵」という条件を挙げています。「鹵」とは見慣れない文字でしょうが、地面から塩が吹き出て地表に点々と固まっている状態（七九ページ写真）を表現する文字です。「舃」とは干潟の意味ですから、ここでの「負海舃鹵」とは、海辺の土地で、海水が浸透して土の中の塩分が増加することに因って出現するアルカリ地・塩漬地、という意味になります。

日本では、八郎潟など海を埋め立てて造成した土地以外、ほとんどこのような土壌はみられません。ところが中国では、日本に比べて乾燥している場所が多く、海辺でなくても塩の吹き出る土地があります。厳密にいうと、海辺の塩漬地と内陸部のアルカリ地とは、性質が異なるのですが、ここでは立ち入りません。一般に古典文献で記される「舄鹵」という文字は、「作物が育たない荒地」、といったニュアンスを表現していることが多いのです。

つまり、同じ斉の土地の経済地理的条件を、司馬遷は肥沃な土地が多いから、と見るのに対して、班固は荒地が多いから、と、全く逆の因果関係を述べていることになります。

その原因についてはいろいろ考えられますが、私見では、おおむね次のように考えています。

斉の自然環境は、むろん、時代に従って変化しましたが、前漢二百年ほどの間に、それほど土壌分布が変わった様子はありません。山東半島は、ジュラ紀には海底だったようで、中央の丘陵地帯は硬い石灰岩の山体が主です。風化が進み、その最高峰・泰山（たいざん）からの景観などとして日本人が見る限り、なだらかな丘陵地帯という印象を受けますが、山は山です。前近代の技術では容易に切り崩せない地形、地質の地域なのです。しかも、海に突き出しているので、半島中央を東西に走る山地の北と南とでは湿度が異なります。中央の丘陵山地にぶつかった海風は雨を降らせ雨水を浸透させて、到るところに清水が湧きます。半島の突端・労山（ろうざん）で生産するミネラルウォーターが、中国産の中で一番おいしいと私は思うほどで、済南（せいなん）市には炭酸を含む泉まであります。自然植生は、今日においても落葉広葉樹と針葉樹、常緑樹が混在し、微酸性の土壌が多いです。生育に多量な水分が必要な落葉広葉樹は、落ちた葉もその雨で分解されやすく、また、雨水は土壌の中に含まれるアルカリ金属成分を流してしまいやすいので、結果として微酸性になるのです。これは、日本の土壌生成の状況と似ています。森林が今日までも一定程度残存して湖沼沢も多く、後に『水滸伝（すいこでん）』の舞台となった梁山泊（りょうざんぱく）など、湖水と藪林の存在が、宋のころ（十一〜十二世紀）まで確認できます。一言でいえば、現代華北のなかで最も日本に近い自然環境の残る地域の一つです。

舄鹵

　そこで、魏晋南北朝時代に成立した『水経注（すいけいちゅう）』という書物には、「コムギしか育たない〝奇妙な〟場所」の存在が記録されています。一般に、華北の主要作物と見なされてきたアワとキビは、比較的アルカリ性土壌に強い作物ですが、コムギは向きません。古代中国の知識人の多くには、アワを中心的作物として組み立てるようになった漢代以降の税体系を念頭におき、アワ作に適した土地を「優良耕地」と考える傾向が生じました。だから、微酸性土壌だと思われる「コムギしか育たない土地」については、あまり芳しくない「ヘンな場所」という印象を持ったようです。でも、要するに酸性土壌だ、というだけのことなのですが……。ですから、気温と水質の条件さえ整えば、イネ栽培には向きます。班固は、アワ作重視の傾向が生じた後漢初めに生きたので、そういう土地柄を「痩せ地」と考えて「穀物が取れないから織物業に奔った」と見たのでしょう。司馬遷の頃は、まだ関中で稲作も行われ、手工業・流通業も盛んでしたから、経済作物であるクワやアサが生い茂るのは沃野だ、と見做したようです。

『管子』が語る斉の国造りと衣類

こういう自然環境は、春秋戦国時代もほぼ同様だったと思われます。斉と関係深い『管子（かんし）』という書物があり、春秋の五覇の筆頭、斉の桓公（かんこう）の宰相だった管仲（かんちゅう）の遺著だ、と伝えられてきました。そこには、中原の人士の手になるものが多い他の諸子百家の書とは、いささか毛色の変わった政策が語られています。上述したように、半島内に海辺や山地を抱え、魯との境界付近は中原の一部をなす沖積平野、といった多様な環境を生かして、土地ごとに適地適作主義を採り、為政者は、それらの間の流通網を握ってその税収で国家を富ませようという構想です。

農業では、コムギに向いた土地も、イネやマメ、さらにソバやハトムギの適作地も把握し、都市近郊での専門的蔬菜栽培や染料専門産地も作ろうとしました。そればかりではなく、豊かな水を利用したアサの栽培とアサ織物生産、クワ栽培を前提とする絹織物生産、森林を生かした木工品の生産、鉱脈を利用した鉄や銅などの鉱業生産、海浜であることと燃料の得やすいことが条件になる海塩生産、さらには漁業、牧畜など、およそ当時の技術水準で成立していた産業の大部分を営みうる土地でしたから、それらを網羅的に理解し、領域内それぞれの適地での開発を奨励したようです。

富国強兵のためには、当然、社会的分業の推進が効率的で有効です。さらに斉の支配者層の場合、冒頭に述べたように、周王朝成立以前から山東に住んでいた「萊夷（牧畜民だったという伝承がありますが）」など、穀物生産を中心的な生活手段にしなかった人々をも、域内の存在として施策の対象にせざるを得ませんでした。そこで、多様な産業の育成によって、多様な技術をもった多様な人間集団を、斉の国づくりの中に包摂してゆこうとしたのでしょう。農民、手工業者、商人は、それぞれが社会を構成する存在として認められつつ、都城の中での居住地を区分することが構想されています（「三国五鄙の制」という言葉が残っています）。多くの法家や儒家の文献から窺われるような、「農本商末」の思想は見えません。それどころか、狩猟・採集経済や牧畜経済を中心に生活していた人々をも、勢力の中に組み込むために、さまざまな手法が採られたようで、『管子』はそれも伝えているのです。

その過程を覗わせるものとして注目したいのが、非農耕専従者の征服・吸収に関わって残されているいくつかのエピソードです。

軽重の策

『管子』の原文は、どの篇にも錯簡（伝承される間に、竹簡の綴じ方が狂ったため、意味の通じない文章になった箇所）や脱誤が多く、少々読みにくいものですから、大意を示しましょう。

綈―テイ・あつぎぬ、と訓みます―という、幔幕などにも使われる、ツムギのような風合いを備えたチョッとオシャレな絹織物の一種がありました。「魯梁」と呼ばれる人々は、これを伝統的な固有の衣装として、多くの民が生産し愛用していました。「魯梁」とは、斉と中原との境界近い泰山付近が居住地だったらしいのですが、周公の子孫が封建され後に孔子が生まれた魯や、第十二話で述べる孟軻の遊説地・梁の「国人」とは異なるようです。ただ、その付近に居たのかもしれません。彼らの作る綈は、その特産品として、他の土地の人にも好評で有名だったようです。

魯梁を勢力下に収めようとした斉の桓公は、その方略を管仲に問いますと、桓公が泰山の南を巡幸する際、綈に着替え、家臣にもこれを着るよう指示し、民衆にも綈の着用を奨励する、という策を提案しました。ただし、斉でこれを生産することは禁止し、必ず魯梁から輸入するようお触れを出す、というのです。十日ほどで皆が着るようになると、管仲は魯梁の商人に「綈千匹を三百金で、一万匹なら三千金で買うから」と持ちかけます。この話を聞いた魯梁の君は、民に綈の生産を指示します。一年ほどして、管仲がスパイを放って魯梁の様子を見させると、往来する人々で道に土ぼこりが立って一寸先も見えないほど。皆、背中に背負ったり車を連ねたりして綈の輸送に必死です。だれも農耕などしていません。管仲は「いまこそ魯梁を降すべきです」と進言、桓公が「どうするのか」と問いますと、「公は、すぐに帛（白無地・平織りの普通の絹）をお召しになり、民にも綈の着用をやめさせて魯梁との間の関所を閉じ、交易できないようになさってください」と申しました。しばらくして、再び偵察を放ちますと、魯梁では皆飢えていて税も集まっていません。魯梁の君は、民に綈の生産をやめて農耕するように命じたのですが、三か月では収穫できません。魯梁では穀物を一石当たり一千銭で購入していますが、斉では十銭で売っています。二年後には、魯梁の民の約六割が斉に移住してきました。三年経って、魯梁の君は、斉に服属を願い出たのです。

　こうして魯梁を征服できた、というずいぶん巧妙な戦略です。

『管子』には、類似のパターンで、さまざまな人間集団を攻略し服属させてゆく話がたくさん残っています。練―ねりぎぬ―を染める技術とか、染料にする紫草の栽培とか、第三話で見た狐白の生産や鹿の捕獲も、果ては柴（燃料用雑木）の供給にいたるまで、どれも、様々な産業に特定の人々を専念させ、その産物の流通と食料供給とを道具に使う戦略です。対象とされたのは、萊人あるいは萊莒や代、さらに大国・楚にいたるまで、いずれも斉に従おうとしなかった人々で、彼らの勢力をじわじわと殺いでいった、という話です。このようなある種の「逆転の発想」を含む策略や考え方は、「軽重策」とか軽重思想とか呼ばれて、『管子』の特徴となっています。また、このような思想を、「太公（望呂尚）の陰謀」などと呼んで、上述した斉建国の事情にまでさかのぼる、斉の伝統的兵法・統治術と見る考え方もあります。

こういう逸話は荒唐無稽で史実ではありえない、というのが、従来の『管子』研究では常識的な理解でした。が、そうとばかりも言い切れません。飢餓の記憶あるいは現実が身近だった少し前までの日本では、歴史を研究する場においても、食料生産を疎かにするような人間集団などありえない、と漠然と考えられていたのかもしれません。が、やれ技術立国だ、マネーゲームだと浮かれているうちに、食料自給率が四割を切るの、切らないのという事態に至って慌てている社会がどこかにありますね。食料が戦略的物資になるのは、二千年前でも当然のことだったのです。しかも、武力による征服や、第三話でふれた商鞅の変法の強制的移住・農業生産の強要に繋がる穀物課税などに比べれば、これは、比較的「平和」裡に他者を服属させられる手段かもしれません。

一見、各地域の特質を活かし、個性豊かな名産品を作り出す、いわば現代日本の「一村一品運動」にも似た、何か「自由」の雰囲気を漂わす政策のようにも思われます。が、実はその目的が、特産品以外の人の暮らしに必要な物資は、他地域からの移入に頼らねばならない社会を作り出すことにあったとしたら、これは、ずいぶん恐ろしいことではないでしょうか。その地域の人が、その地域の生産品で暮らすこと、イマ風にいえば「地産地消」だけでは生きられなくする政策であったのです。そして、これらの逸話を貫いているのは、生産される品物の流通が、桓公の命令、つまり斉の為政者の経略によって左右される、というパターンです。また流通機構や貨幣操作による利益を国庫収入にする構想もたくさんの逸話に見えます。こういう要素を勘案すると、『管子』は、この種の政策の成功の鍵が「国家による流通への関与」にある、と考えていたことが読み取れます。

ただ、このテの戦略が効を奏するには、条件が必要です。それは、経略の標的になる集団の成員が、みな特産品の生産に必要な技術―織物や染物、狩猟など―を相応に持っていて、比較的均質な社会を形成している、ということでしょう。それまで多少は穀物を生産していたのに、それを棄てて特産品生産に走る、という行動様式に追い込むことが不可欠です。『管子』の類似の逸話には、その行動の様子を男女別に描く例も皆無ではありませんが、多くの場合、書き分けられていません。つまり男女を問わず織物や染物あるいは狐などの捕獲に夢中になった、と記されているのです。

第二話で、斉のクワは喬木に育てる「高桑仕立て」だとご紹介しましたね。梯子をかけて登り、樹から樹へ渡された梯子を伝ってビッシリ茂ったクワの葉を集めるのです。だから、『左伝』の逸話では、偶然樹の上に居た桓公の姫の侍女が、姫の婿になっていた放浪中の晋の公子・重耳（後の文公）の家来たちの密談を、盗み聞きするシーンを描きうるのです。このようなクワの育て方は、地面を歩いて葉を摘める低さにクワを撓める魯の方法とは違い、樹の手入れに男手が有用です。また、斉で盛んだったアサ栽培は、織物にするには、きれいな水に刈り取ったアサの茎を浸し、繊維を取り出す工程が必要です。この作業は重労働で、男手が不可欠です。さらにアサ栽培には肥沃な平地が望ましいので、その作付け地は穀物畑と競合します。植え付けの季節は限られているのですが、これまた、夏作物用の耕起・播種期と重なります。つまり、そもそも、男性労働力を穀物生産に集中させていると、アサ製品の大量生産はできません。

『管子』には別に、「入国篇」という篇があります。桓公が兄弟との戦争に勝って、即位するため入城した際の、民衆に約束した統治方針、という形になっている話です。そこでは、富国強兵のために人口増加を図ろうと結婚を奨励し、老人扶養と育児に対する福祉策が述べられています。例えば、幼児が三人いる場合、女性の納めるべき税を免除、とあります。四人なら家中免税、五人なら免税の上、食料二人分を支給しベビーシッターを派遣する、ともしています。ということは、斉では元来、男女とも課税されていたわけです。こういう結婚奨励策は、当時の戦争の最大の武器である人間、つまり兵士を確保するための人口増加政策として、春秋末期以降に各地で流行したようです。「呉越同舟」や「臥薪嘗胆」の故事で知られる越王勾践（えつおうこうせん）も、類似の結婚奨励策を取った、という逸話が残っています。が、そこに、女性への非課税や、女性の生産活動を保証するための「福祉政策」的プランが付け加えられているところに、斉、あるいは『管子』の特徴があるのです。

以上、斉の産業構造をまとめてみると、斉では織物業を初めさまざまな産業で、男女とも生産に携り納税していた、と推定できます。その斉が、「天下に冠帯衣履（かんたいいり）す」、天下中の衣料品を供給しているとされ、つまり戦国秦漢時期華北での主要な織物生産地だったわけです。こうして作られた衣料品の存在・売られる品としての衣料品の流通は、他の国々の農民にまで及んで、例えば、第十二話で紹介する魏の李悝「尽地力教」では、農民家庭の衣料品が購入物資として想定されているような経済政策の基盤にもなっていたと思われます。

ところが、そのような衣料品を、班固は「女工」と表記しています。

織物業が、「家庭内の女性の仕事」と一般に認識されるようになるのは、後に述べるように、漢の武帝の頃からかと思われます。そういう政策の現実的採用が可能になったのは、「儒学」の立場を取る遊説家が主張した、小家族を基礎とする社会作りが、ある程度現実になってからでした。

戦国時代は、まだまだ、氏族単位で生活する人々も残り、漢代でも馬王堆から出土した帛画には、織り手として、五氏という文字が見られるのです。

孟軻の斉国滞在と観察

戦国時代に入ると、斉では、盛んに天下の遊説家を招くようになります。その中に、自分の理想とする政治をどこかで実現させたい、と願った孟軻、すなわち、『孟子』の主人公もいました。「孟母三遷」の逸話で有名ですね。

太公望以来の大国・斉は、春秋末期に、陳から亡命してきた貴族・田氏が勢力を握り、ついに「姜姓」の公は廃され、田氏に国を奪われてしまいました。ですから、孟軻が訪れた戦国時代の斉の君主は田氏です。この政権交代劇は田氏の政治方針にも影響し、「国を簒奪した」との非難を和らげるためか、全国から遊説の士を招いたのです。「稷下之学宮」と呼ばれるアカデミーが生まれます。多様な産業の育成、という施策も、このような政治方針と相関性があるのかもしれません。

孟軻が、「稷下の学徒」の一人として、当時の斉の都・臨淄に滞在した時、近隣の風景や風俗習慣も当然、見聞していました。そこで、『孟子』「告子上篇」には、次のような記載があります。

> 牛山の樹木はかつて美しかった。（しかし）それが大国（大都市）の郊（外）にあるために（燃料や用材として必要だったので）斧斤でこれを伐ってしまった。（もう一度）美しくしようとすれば、（樹木は）日（太陽）や夜（の冷気や夜露）が息うものであり、雨露の潤すものであるから、萌蘖（芽生えやひこばえ）が生じないわけではない。ところが、牛羊がそこで放牧されて（その芽生えをたべて）しまう。そこで彼のように濯濯（ツルツル）になったのだ。

現在、かつて斉の都であった臨淄遺跡の中心部から南に約一〇キロの地点に残る牛山は、標高一七四メートル、日本人の感覚では、せいぜい「丘」と呼びうる程度の山です。孟軻自身が放牧の様を実際に見たか、あるいは少なくともかつて牛や羊がそこで放牧されていたとの伝承を信憑性のある話として聞いたのでしょう。丘がハゲヤマになってゆく要因として、森林伐採後の牧畜という事態が、明確に示されています。その「牧畜」が、都市近郊のことですから斉の「国人」である臨淄住人が舎飼の牛羊を所有していて季節的に放牧していたものなのか、あるいは前述した「萊夷」の中にまだ遊牧を続ける人々があって彼らがたまたま牛山にも来ていたのか、さらには「裔夷の俘」

牛山に造られた管仲記念館より臨淄を望む
（宮田美智江氏撮影）

にさせられた人々が臨淄にも住まわされて牧畜に従事していたのか、等々の、どのケースかを断定することはできません。が、少なくとも『孟子』を伝えた人々に奇異とは思われないのが牛山での放牧風景だったことは、確認してよいでしょう。つまり、斉では、戦国時代になっても、都の近郊で牧畜が環境破壊を伴うほどに実行されていたわけです。女性にも税がかかっていたのですから、牧畜する女性も居たことでしょう。また、必ずしも、厚生労働省の標準家庭モデルのような、夫婦と子供だけの所帯でなく、大家族であったり、結婚できない男女が大勢居たりした可能性もあります（班固は、データIIでは、未婚女性の多い斉の現実を、桓公の兄である襄公が、斉の統治方針として、長女に家の祭祀を継続させる役割を担わせるという名目で結婚させなかったためだ、という逸話を紹介しています）。家族道徳を社会の基盤に据えようと主張した儒家として、孟軻の目には、「不道徳」と感じられる、男女の自由な交際も当然あったでしょう（データIIの班固の主張は、これを「痛ましい」と感じているわけです）。正式の結婚には、いろいろな意味で経済力が必要ですから。

　でも、農民家庭からの税収を財政の中心に据えなければ、商鞅が変法で試みたような、穀物生産農民家庭を無理に創出する必要はありません。全体として、経済活動が活発であれば、それぞれの産業と流通から、国庫収入は得られたので、個々人の生き方、ことに性道徳などにまで、国家が立ち入る必要は感じられなかったのでしょう。ただ、孟軻にとって、このような斉の実状をまのあたりにしたことは、あるアイディアを生んだ可能性があります。これについては、第十二話で述べますが、全ての男性が結婚できるようにして、その妻に衣料品生産を任せる、というアイディアです。が、そんなことは、当時の現実では不可能でした。

　それでも斉は全体として繁栄を極める大国で、臨淄は一説に百万都市ともされ漢代に至るまで盛んに織物が作られたのです。それはおそらく『管子』に盛られた、一定程度の国家管理の下であれば民衆に自由な経済活動を営ませよう、という発想の下に成長を続けた結果だと思われます。

『管子』思想の影響

　斉は、最終的に、始皇帝によって滅ぼされ、戦国時代は終焉を迎えます。それは、短期決戦のための軍事戦略としては、農民を基盤とした富国強兵策が、効を奏した結果だといえましょう。そして、中国歴代王朝の基本的経済政策は、商鞅変法が代表する、農業を基軸とした国づくりに収斂される傾向を見せます。

が、それでも、『管子』的な発想は、時折、「変な政治家」が現れると息を吹き返したようです。漢代・武帝期の桑弘羊の経済政策とか、宋代の著名な政治家・王安石の新法などには、その影響が感じられます。ここでは紹介しませんでしたが、『管子』には特に、貨幣に関するかなり本質的で先進的な見方が述べられていて、国家ないし政治というものが振りまく「幻想」と、貨幣の動きとが連関していることを突いています。そこで、このような発想を応用しようとした貨幣政策が、後世いくつか試みられています。

ただし、『管子』の思想が有効なのは、あくまで、自然環境に依拠し、同じ価値観を持った人々が集団的に暮している、という状況に対してでした。後世の現実社会への応用は、そう簡単ではなかったのです。

参考文献

小倉芳彦『春秋左氏伝研究』（小倉芳彦著作選3、論創社、二〇〇三年）
原宗子『古代中国の開発と環境―『管子』地員篇研究―』（研文出版、一九九四年）

第六話　合従連衡は、異文化同盟？
――戦国秦漢期、北方・燕の環境――

弁舌で作る天下の形勢

蘇秦の合従策・張儀の連衡策は、ご存じでしょう。

戦国時代、次第に出来上がってきた領域国家の中でも、日に日に強大さを増す秦にどう対応するか、東方の六つの領域国家（斉・燕・楚・韓・魏・趙）の為政者は、常に腐心していました。この諸国を巡り、六国の連合を説いたのが蘇秦、彼と同門の戦略家ながら、秦の意を受けて各国君主それぞれに秦との連携を薦め、六国連合を解体させたのが張儀です。従は縦、衡は横の意味ですが、秦以外の六国が連合する状況を地図上に図示すれば縦の線になりますし、各国と秦との連盟を図示すれば六本の横線ができますね。ここから、彼らのような軍事外交に関する建策を携えて諸国を遊説した人々を、諸子百家の中で、縦横家と呼びます。

『戦国策』などを通じて知られているこのエピソード、経済雑誌などでもしばしば経営戦略絡みで取り上げられたりする、日本人好みのお話ですね。その場合、そもそも日本の人々は「外交」が苦手、ということも手伝ってか、言語・文化等を異にする人間集団相手の「外交戦略」というよりは、もっぱら同じ利害の存在を理解しうる人々の間での政治戦略として、評価を受けているように感じます。けれども、蘇秦が説得した各国の王は、必ずしも社会・経済の仕組みを共有する人々ではなかったようなのです。まずは、合従策への参加を説得するため、北方・燕の王のご機嫌を取り結ぶべく、燕の国を誉めそやした、蘇秦の名演説ぶりを見てみましょう。

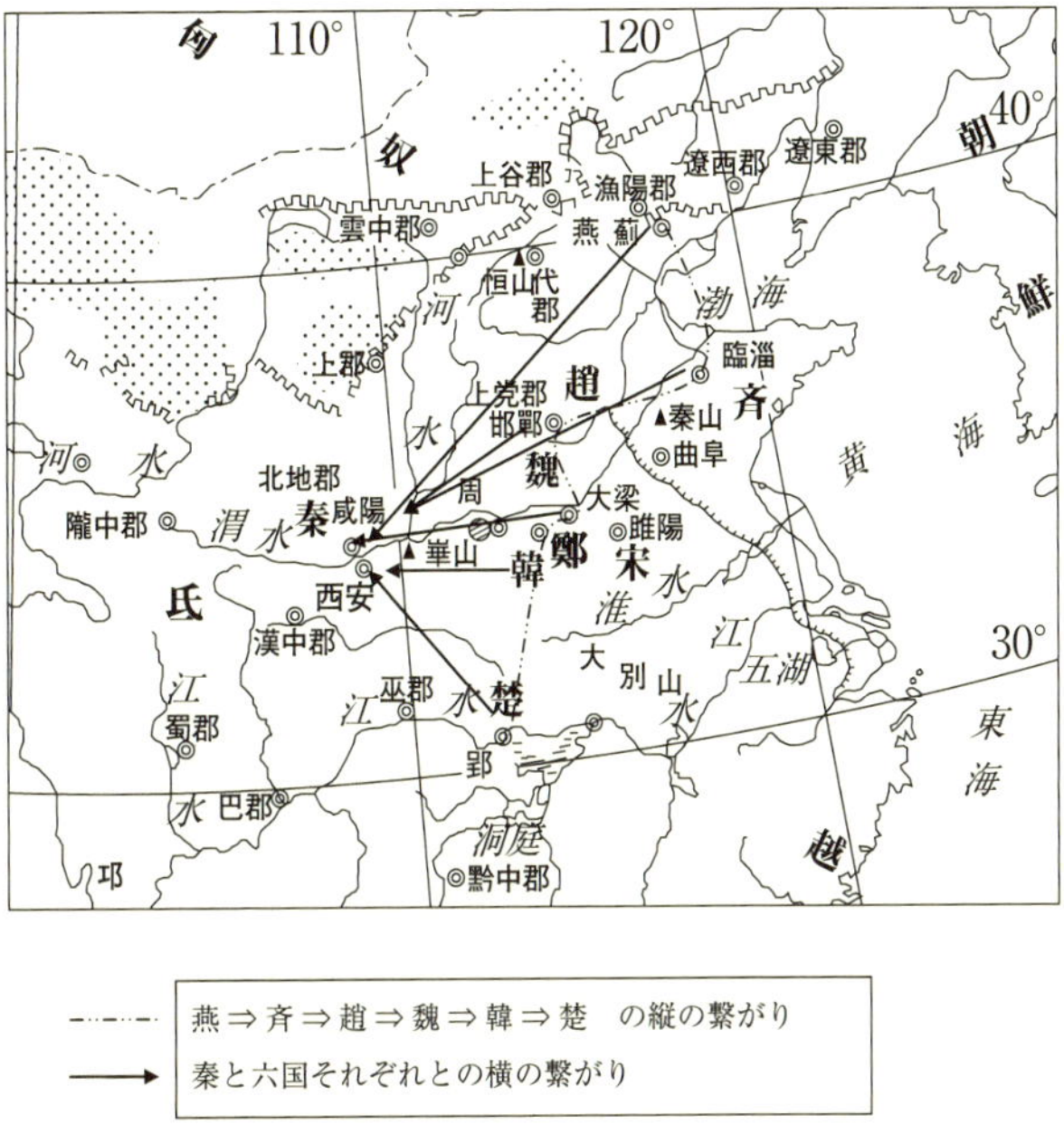

戦国六国と秦の合従と連衡概念図

『史記』蘇秦列伝、『戦国策』燕策

燕東有朝鮮・遼東、北有林胡・楼煩、西有雲中・九原、南有嘑沱・易水、地方二千余里、帯甲数十万、車六百乗、騎六千匹、粟支数年。南有碣石・雁門之饒、北有棗栗之利、民雖不佃作〔不由田作〕而足於棗栗矣〔棗栗之実、足食於民矣〕。此所謂天府者也。

『史記』蘇秦列伝及び『戦国策』燕策

燕は東に朝鮮・遼東有り、北に林胡・楼煩有り、西に雲中・九原有り、南に嘑沱・易水有り、地は方二千余里、帯甲数十万、車六百乗、騎六千匹、粟は数年を支う。南に碣石・雁門の饒有り、北に棗栗の利有り、民佃作せざる〔田作に由らざる〕と雖も棗栗に足れり〔棗栗の実、民において食するに足れり〕。此れ、所謂天府なる者なり。

（〔　〕内は、現行本『戦国策』の表記）

燕の東には、朝鮮・遼東があり、北には林胡・楼煩があって、西には雲中・九原があり、南には滹沱・易水があります。燕の土地の広さは二千余里四方で、鎧で武装できる兵士は数十万人、車は六百乗、騎馬は六千匹もおります。また穀物は数年分の備蓄があります。南には碣石・雁門の辺りの饒かさ、北にはナツメやクリの利があって、民は穀物生産こそしませんがナツメやクリで食糧には充分です。これは言わばパラダイスというべきものでしょう。

『戦国策』は前漢末、劉向（りゅうきょう）が編纂した書とされていますが途中散逸し、現存する二系統の版本には、内容や叙述の順序に多少の異同があります。ところが、一九七二年発見された湖南省長沙馬王堆の漢墓から出土した『戦国縦横家書』という帛書（白い絹に記した文献）に、現行『戦国策』とほぼ対応する多くの文章が記されていたのです。それ以降、多くの研究成果が発表され、現在の『戦国策』は、この『戦国縦横家書』をはじめ何らかの典拠があって、編纂されただろう、との推定がほぼ確認されました。

しかしながら、ここに引いた記載と、蘇秦が初めて秦に赴いた時のお話、それに斉・韓・魏・趙・楚各国に合従策を説いた際、各王に呈した類似の「お世辞」として語られる、それぞれの土地柄・環境を描写した記載は、『戦国縦横家書』には、一切見られないのです。

これに対し、『史記』蘇秦列伝には、データ欄に示したように、ほぼ同様の文章が残っています。

お世辞の中身

ですから、ここに見られる内容は、『史記』及び『戦国策』成立の時点、つまり前漢の時代に、一定の普遍性をもって「戦国時代の各地の状況は、なるほど、こんな風でもあっただろう」と受け止められ、また人口に膾炙されうる内容であったと考えられます。他の各国についての内容を大雑把にまとめると、表Ⅰのようになります。これらの「お世辞」は極めて類型的ですから、かような

表I　蘇秦列伝における、各国の環境要素の描写

国名	地理的要素 広がり	東	西	南	北	物産	人的・社会的要素
燕	二千余里	朝鮮・遼東	雲中・九原	嘑沱・易水	林胡・楼煩	粟は数年を支ふ。南に碣石・鴈門之饒有り、北に棗栗之利有り。	民は佃作せざると雖も棗栗に足れり
	【趙】旃裘狗馬之地					【楚】橐駝良馬	【趙】弱国 【楚】妙音美人
秦		関河	漢中	巴蜀	代馬		
趙	二千余里	清河	常山	河漳	燕国	帯甲は数十万、車は千乗、騎は万匹、粟は数年を支ふ。	【楚】妙音美人
魏	千里	淮・潁・煮棗・無胥	長城之界	鴻溝・陳・汝南・許・郾・昆陽・召陵・舞陽・新都・新郪	河外・巻・衍・酸棗	田舎廬廡の数しきこと、曾て芻牧する所無し。	
	【趙】	①無有名山大川之限（めいさんたいせんのかぎりあるなし）。 ②湯沐之奉（とうもくのほう）					【楚】妙音美人

韓		斉		楚	
九百余里	【趙】	二千余里	【趙】	五千余里	【趙】
宛・穣・洧水	③無有名山大川之限。④湯沐之奉	琅邪	魚塩之海	夏州・海陽	橘柚之園
宜陽・商阪之塞		清河		黔中・巫郡	
陘山		泰山		洞庭・蒼梧	
鞏・成皋之固		勃海		陘塞・郇陽	
帯甲は数十万、天下の彊弓勁弩は皆韓より出づ。谿子・少府時力、距来なる者は、皆六百歩の外を射す。……韓卒の剣戟は皆冥山・棠谿・墨陽・合賻・鄧師・宛馮・龍淵・太阿より出で、皆陸に牛馬断じ、水に鵠鴈を截す。		帯甲は数十万、粟は丘山の如し。……		帯甲は百万、車は千乗、騎万匹、粟は十年を支ふ。	
韓卒の勇を以て、堅甲を被せ、勁弩を蹠し、利剣を帯ぶれば、一人の百に当るは、言ふに足らざるなり。	【楚】妙音美人	臨淄の中七万戸、臣竊かに之を度るに、戸ごとに三男子は下らず、三七二十一万、遠県より発するを待たずして、臨淄の卒、固より已に二十一万……。	【楚】妙音美人		

＊各セルの破線以下は、【　】内の国に対して、説明された特筆事項。
＊この他、策が成功すれば、中山については、趙に「湯沐之奉」を提供するだろうとの見通しが語られ、衛についても、楚に「妙音美人」を提供するだろう、との予想が語られている。

描写は、各々の特徴をいささか大げさに表現したフィクションに近いものである可能性もなくはありません。

が、それにしても、「戦国の七雄」として名高い大国・燕について、その民は穀物を生産しない、と明記されています。民が「主食」にしているのは、棗・栗のナッツ類で、日本でいえば、三内丸山遺跡で確認された、栗栽培などを基盤とするいわゆる「縄文農耕」に相当する生活が描写されていることになります。そして、蘇秦は、このような内容を、青森県と同程度の緯度にある燕国が「天府」すなわち極楽・パラダイスのようだ、と褒める意図で述べているのです。決して燕を貶めたり中傷するつもりはなく、また燕王の方も、別に不機嫌にもならず合従策に同意したことになっていますから、穀物生産しなくて暮らせる、という状況は、文化的劣勢を示すものではなく、むしろ自慢できる地域特性だったことになります。司馬遷を含めた漢代の人が見知っている燕の地、つまり現在の北京周辺に、棗や栗が育っていなかったら、こういう描写がなされることは考えられません。

こういう実態は、本当にあったのでしょうか。

「黄腸題湊（こうちょうだいそう）」

なぜか北京観光の目玉にはなっていないのですが、北京市南郊の大葆台漢墓（だいほだいかんぼ）は、研究者の間では比較的知られた漢代遺跡です。漢の武帝の時代に起こった呉楚七国の乱などに関係する燕王・旦の墓、という説もあったのですが、近年ではその後の広陽国の頃王劉健（けいおうりゅうけん）のものと確定されたようです。この墓は、発見当時、中国国内でも珍しい「『黄腸題湊』の墓室だった」ことで有名になりました（写真）。

黄腸題湊

このほか、北京周辺では、定県八角廊の中山懐王墓、同じく三盤山の中山王墓なども「黄腸題湊」だとされています。「黄腸題湊」とは、樹木の皮を取り去った黄色の芯の部分のみを、たくさん集めて積み上げた、という意味です。つまり、柏（コノテガシワ—針葉樹。日本でいうカシワモチに使う柏とは異なる）など樹幹が黄色くなる大樹の芯材を、ブロックに整形して積み上げ壁を作った墓室、ということになります。『漢旧儀』など、漢代の礼制を記した文献では「帝王の象徴」といった扱いを受けていますが、詳しい記録はみあたりません。今日見られるものでは、『漢書』の霍光伝（武帝の顧問格で、次代の昭帝〔在位：紀元前八七—前七四年〕の外戚だった霍光（かっこう）〔?—紀元前六八年〕の伝記）に、彼の墓が「黄腸題湊」で作られた、とある程度です。

このような史料の残存状況の中で注目したいのは、一九九九年十二月発見された、北京・石景山区の老山遺跡です。現在まだ発掘調査は終了していないようですが、ここから出た「題湊」は、五百十三個の整形木材で高さ二・五メートル、幅五メートルに、十九層をなして一層二十個ずつ積み上げられているそうです。中国林業科学院の調査によれば、コノテガシワではなく、クリとマツの混用の可能性が高いとのこと。従って黄色く輝く「黄腸題湊」ではなく単なる「題湊」で、いささか茶色っぽいようです。が、これこそまさに、戦国・燕の土地が、針葉樹のみならず、より温暖・湿潤な環境を必要とするクリなどの落葉広葉樹にも覆われていたことを示す、恰好の材料だといえましょう。『漢書』霍光伝では「帝王の象徴」とされている「高価」な木製の建造様式による墓が、クリを利用し得た当時の広陽国（今の北京）では比較的容易に造営できた、と考えられます。

したがって、これらの漢墓建造に先立つ戦国・燕に、人々の暮らしを支え得る豊富なクリが産出したという、合従連衡に関する上記の諸史料も、単なるレトリックとしてではなく、当地の実態を示す記録とみなすべきではないでしょうか。

それもそのはず、現在でこそ北京は、都市型生活の普及に伴い水不足が叫ばれていますが、今日の石景山区に点在する八大処（宗教施設）や香山公園等、北京市民の保養地に行って、こんもり茂った樹木の中、岩盤から浸み出すおいしい水で淹れたお茶を味わってみると明らかなように、元来は、地下水豊富な地質条件の下にあります。数百、数千年前の環境は、クリを主食にできる豊かな森林地帯だったのです。

漢帝国初期の多様な環境

となれば、「数年を支えうる」とされる「アワ」つまり穀物——兵糧は、この地の物資を基に、交易によって蓄えられたものと推定せざるを得ないのです。

それは、第一に、民が穀物生産など行わず、狩猟や果樹の育成を業としていたからでしょう。樹

上：香山
下：北京・八大処の龍泉

木を切り尽くして耕地化などしていなかったのです。これは、先の表の中で、例えば魏について、「田舎廬廡（自宅から遠い耕地の耕作のために、数日寝泊りできるよう設けた仮屋）の多いことは、放牧できる遊休地など、まったくないほどです」と述べられているのと対比すれば、明らかでしょう。
なお、後代の記録になりますが、燕よりさらに北方にあっても、『後漢書』に見える挹婁などは穀物を生産していたと記されています。東北地区の成帯性草原地帯（地球規模の気候帯が作り出す諸条件だけが作用した場合に、草原になる土壌が、分布する地域）には、伐採の必要な大森林が少なかったからかと思われます。切り倒しにくい大木に恵まれた燕は、逆に言えば、穀物生産地の「開発」が困難な土地だった、ともいえます。むろん、西周初期、北京付近に、周王朝から「封建」された勢力（つまり、周王朝風の文化の保有を確認できる勢力）が居住していたことは、西周燕都の発掘によって今日明らかになっています。ですから、その周辺で、ある程度穀物が生産されていた可能性は高いのですが、それは戦国・燕の「領域」内において、普遍的な民の生業ではなかった、と以上の諸史料は述べているわけです。

交易された品々

が、それだけではありません。考古学に興味をお持ちの方はご存じかもしれませんが、燕の領域からは、刀貨が多量に出土しています。これらは春秋中期から使用されていたことが、発掘報告によって明らかで、江村治樹氏が詳しく分析しておいでです。漢代でも穀物生産していない燕の土地で、より寒冷だった春秋時代に、穀物が豊富に生産されていたとは考えられません。ということは、非農耕地帯における交易、それも貨幣を媒介とした交易の発生を認めねばならないのです。少し前まで、高校の歴史教科書などに、しばしば「鉄製農具の普及で農業生産が発展し、余剰が生まれると、それを交換する交易も活発になり……」といった理解が見られましたが、戦国・燕の領域では、こういう条件に当て嵌まらない、すなわち穀物生産していない状況の中で、すでに貨幣を媒介とする物資の交換が開始されていたことになります。

では、いったい何を、貨幣に拠って交換していたのでしょう。

表Ⅰに示したように、蘇秦は、趙に対して、合従策が成功すれば、燕の「旃裘狗馬（せんきゅうくば）」の産地が手に入る、と語っています。「毛織物や毛皮のコート、犬や馬」の産地、という意味です。また、表Ⅱに、『史記』貨殖列伝（かしょくれつでん）に見える、燕、および燕の交易相手とされている地域に関する記述をまとめてみました。ここでは、燕で豊富な物資が「魚塩棗栗（ぎょえんそうりつ）」と記され、北隣の烏桓（うがん）や夫余（ふよ）、東方では穢貉（わいばく）や朝鮮・真番（しんばん）所産の物資による利益を手中に収めている、とあります。さかな・塩は、むろん海の所産、ナツメやクリは森林の所産ですね。穢貉や朝鮮・真番となると、これはもう明らかに、当時の中原の人々とは異なる言語・文化を持った人々と考えねばなりませんが、その所産としては、当然、第三話で述べた毛皮が挙げられます。が、北方で営まれていたのは、「魚塩棗栗」と毛皮の物々交換、といったレベルの交易だけではありません。

第五話でもふれた『管子』の「揆度篇」に、次のような話があります。

　桓公が管子に尋ねていった。

「私が聞いているところでは、海内（世の中）の玉や幣に、七筴—媒介機能を持つモノが七つ—あるという。（どういうことなのか）聞かせてもらえるか」と。管子がこたえていった。

「陰山で採れる白地に赤い縞模様の入った石（サードニックス）が、ひとつです。燕の紫山で採れる白金（銀の意）が一つ。発や朝鮮で獲れる綺麗な模様の毛皮が一つ。汝水・漢水の右岸で採れる黄金が一つ。長江の北岸で採れる真珠が一つ。秦の明山のラピスラズリが一つ。禺氏の支配地域の山奥で採れる玉が一つ。これらは、産出量が少ないことを以って価値が高いとされ、狭い地域でしか産出しないからこそ広く流通するのです。天下の政策の奥義は、このような軽重の原理に尽きるのです。」

ここでは、燕で銀が採れる、としています。また、朝鮮で綺麗な毛皮が獲れることも見えます（ちなみに、この記録が、中国文献で「朝鮮」の文字がはじめて見えるものだと、私は考えています）。

つまり、刀貨の原材料である銅を含め、鉱山資源も、燕の所産として有名だったのでしょう。これも、農業生産とは無関係に入手しうる物資です。採掘する人の食料は、何度も見てきた「ナツメとクリ」で済むわけですからね。

さらに、付言しますと、表IIに示した代・種の評価のように、司馬遷が燕と関連づけて叙述する、代・種・雲中・五原・定襄・雁門といった呼称の場所は、ひとことで言えば、穀物生産を主産業としない社会だったようです。

なお、表Iでは略しましたが、『戦国策』には現在の太行山脈にあった「中山」という国に関する「中山策」という部分があります。王墓から、豪華な黄金の馬具が多数出土し、いわゆる騎馬民族の支配領域だったと考えられています（漢代の中山については表IIの記録あり）。「戦国の七雄」という言葉が余りにも有名で、つい見落としがちですが、戦国期の華北全域が、後の中国諸王朝下のような穀物生産を中心とする社会だったわけでもなければ、七雄によって隈なく領域支配されていた、というわけでもないのです。

合従策の実態

以上のように、伝説では蘇秦が合従策を説いたことになっている相手の実状を、具体的に考えてゆきますと、第二・三・四話で述べたような、穀物生産を主産業にしようとする政策が施行された地域とは、異なる環境にあった人々にも、同盟を持ちかけていたことになります。楚は、稲作が行われていた場所です。

魏について述べられているように、中原で穀物生産地が拡大してゆけば、毛皮はもちろん、牧畜

表II　燕及び関連領域の貨殖列伝における環境描写の概要

	No.	『史記』貨殖列伝
燕の地理的条件	①立地	ヒト・モノの一大集散地。 南は斉・趙に通じ、東北は胡（匈奴）に接する。
	②風俗	上谷から遼東までは、中央から遠く、人民が稀れなので、よく侵略される。 趙や代の風俗と類似。 民は剽悍だが、思慮は少ない、
	③経済	魚塩棗栗は豊富。北が烏桓や夫余の隣で、東から穢貉・朝鮮・真番の利が入る。燕も代も狩猟・牧畜し、養蚕もする。
関連領域	④種・代	胡（匈奴）に接するので、よく侵略される。 人民は腕自慢でキップが良く、任侠として勝手に振る舞い、農商に従事しない。北夷に近いので、よく軍隊が出兵するが、中国に戻ると珍しい利益を得られる。民は春秋時代から剽悍で、晋の全盛時代でも手を焼いたが、分裂して趙の支配下に入ると趙の武霊王が、その風を激化させた。 西は上党と取引し、北は趙・中山と取引する。
	⑤邯鄲	漳水・黄河の間のヒト・モノの一大集散地。 北は燕や涿に通じ、南には鄭と衛がある。
	⑥中山	土地が痩せて人が多い上、領域内の沙丘は殷の紂王が乱した土地の子孫なので、民の俗もセコく、利に敏く商売で生活する。男は聚まっては遊び戯れ悲歌忼慨し、起てば喧嘩沙汰・休めば墓荒し、と悪さをするが、美形が多く、俳優になる。女は楽器や踊りが上手で、貴人富豪に媚を売り、どこの諸侯の後宮にも入っている。

地も減少し、毛織物も褐（第二話参照）も入手し難くなります。だからこそ、燕は、これらの交易によって、兵糧も軍備も充実させられるだけの利益を得たのでしょう。

そして、このような異なる自然環境、異なる文化領域の間の、人・モノ・情報の交易ルートが、蘇秦の遊説を可能にするネットワークを形成していたことになります。「戦国の七雄」の間に、決して、共通する政治方針や思想基盤があったのではありません。むしろ、まったく異なる生活様式の地域が複数存在していたからこそ、知らない者同士、秦に対抗して同盟してみようか、という雰囲気も生まれかけたと見るべきではないでしょうか。

が、それが、もろくも潰えていったのは、必ずしも張儀の連衡策が優れていたからではなく、団結しにくい異文化の人間集団をまとめようとした蘇秦の意図に、いささか限界ないし無理があったからかもしれません。

参考文献

佐藤武敏監修、藤田勝久・早苗良雄・工藤元男訳註『馬王堆帛書―戦国縦横家書』（朋友書店、一九九三年）に詳細な整理が、平勢隆郎『新編史記東周年表』（東京大学出版会、一九九五年）等にも『戦国縦横家書』の分析がある。

『北京晨報』（二〇〇〇年八月三日）

江村治樹『戦国秦漢時代の都市と国家』（白帝社、二〇〇五年）

第七話　スパイ鄭国の運命
——秦の中国統一と大規模灌漑——

「統一」事業完成のいきさつ

紀元前二二一年、秦の始皇帝が斉を倒して中国を統一した、なんてことは、受験用世界史で「暗記」させられる「重要事項」でしょうね。

なぜ、秦が、こういう軍事的成功を収められたのかについては、おびただしい概説書や専門書も出ていて百家争鳴状態ですが、皆さんが一様に指摘されるのは、データ欄に掲げた『史記』河渠書の記述でして、鄭国渠という灌漑水路を造成して関中を沃野にし、兵糧を確保できたことが、秦の富強化の一大要因と見做されています。

それはたぶんその通りだと思うのですが、第二話で、西周の王様が関中で排水工事をした記録があることをお話ししましたね。なのになぜ、同じ関中なのに、秦には灌漑が必要になったのでしょう。

I 『史記』河渠書

……西門豹引漳水漑鄴、以富魏之河内。而韓聞秦之好興事、欲罷之、毋令東伐、乃使水工鄭国間説秦、令鑿涇水自中山西邸瓠口為渠、並北山東注洛三百余里、欲以漑田。中作而覚、秦欲殺鄭国、鄭国曰、「始臣為間、然渠成亦秦之利也」。秦以為然、卒使就渠、渠就、用注塡閼之水、漑澤鹵之地四万余頃、收皆畝一鍾、於是関中為沃野、無凶年、秦以富彊、卒并諸侯、因命曰鄭国渠。

I 『史記』河渠書

……西門豹、漳水を引きて鄴を漑し、以て魏の河内を富ます。而して韓は秦の好みて事を興すを聞き、これを罷れしめ、東伐することを毋からしめんと欲し、乃ち水工鄭国をして秦に間説せしめ、涇水を鑿ち中山より西して瓠口に邸るまで渠を為り、北山に並ひて東して洛に注ぐこと三百余里、以て田を漑させしめんと欲す。中ごろ作ちにして覚れ、秦は鄭国を殺さんと欲す。鄭国曰く、「始め臣は間為り、然れども渠成らば亦た秦の利なり」と。秦は以て然りとなし、卒に渠を就らしむ。渠就り、用て塡閼の水を注ぎ、澤鹵の地四万余頃を漑して、收むること皆畝ごとに一鍾、是に於て関中は沃野と為り、凶年無く、秦以て富彊たりて、卒ひに諸侯を并はす。因りて命づけて曰く鄭国渠、と。

この文章のざっとの意味は、こうです。

六国の抗争も熾烈になった戦国も末のころ、秦の東隣りに当たる韓では、秦が土木工事に熱心だと聞き、これを疲れさせて韓に攻め込めないようにさせようと、水利技術者の鄭国という者をスパイとして秦に送り込んだ。彼に（大土木事業計画を）巧みに持ちかけさせたのだ。それは、涇水から水を引き、中山から西の方角は瓠口（ここう）に至る渠水（灌漑水路）をつくり、その水路はまた北山に並行して東の方角は洛水に注ぐ、総計三百余里の距離のものを建設し、これによって耕地を灌漑させようという一大構想である。上手く行きそうになったところで、やっぱり、秦の側に正体がバレてしまい、鄭国の命はあわや風前の灯、というところで、鄭国が口にした必死の弁明は、

「確かに、最初私はスパイでした。ですが、この灌漑水路が完成すれば、それは秦の利になるのです」

というもの。秦の側では、なるほど、ということになり、兵卒を渠水工事に従事させ（工事を続行し）たのである。渠水は完成し、ダム湖に溜めた（一説には泥混じりの）水を注いで、アルカリ化した湿地・四万余頃を灌漑し、その収穫は、どこでも畝（約四・六二アール）ごとに一鍾（六石四斗。ここでは一石＝一斛＝十斗。一斛は約三四リットル）にもなった。これによって関中は沃野となり凶作の年がなくなって、秦は富国彊兵を実現し、ついに諸侯を併合した。こ

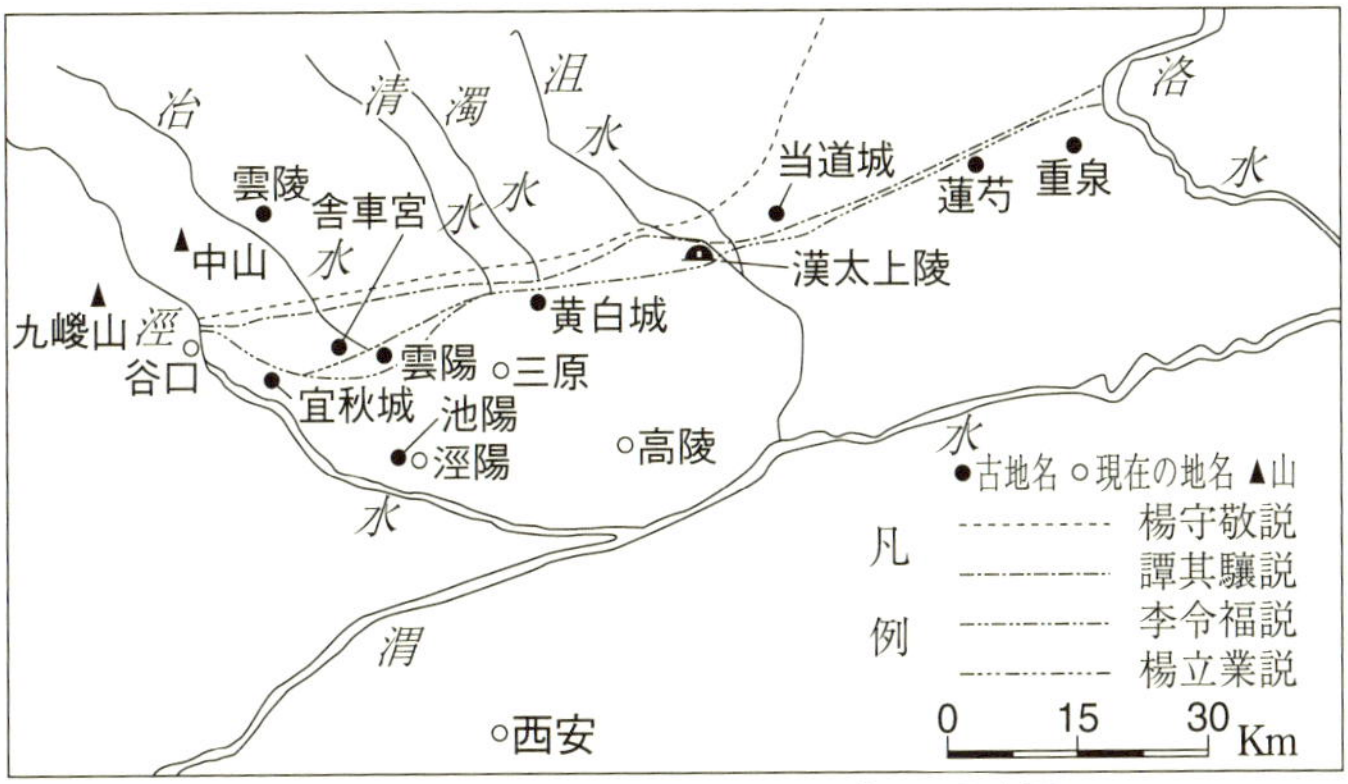

地図Ⅰ：李令福氏が整理された鄭国渠渠道に関する諸説の示意図
（李令福『関中水利開発与環境』人民出版社，2004 年より作成）

のいきさつにちなんで、水路は、鄭国渠と名づけられた。

といった意味の話です。スパイのドラマティックな命乞いが、秦を豊かにして中国統一をもたらした、ということになるわけですが、もし、水路建設が秦の為政者にとっても、やってみるだけの値打ちはありそうだ、と感じられるものでなかったなら、鄭国は命拾いできなかったでしょう。彼の弁舌が、奇しくも中国史上の一大転換点に繋がったのは、なぜだったのでしょう。

ここで、灌漑された土地を、澤（沢）鹵と表記していることに、まず注目してみましょう。

「澤鹵」の出現した場所

この水路の経路については様々な意見がありますが、たとえば、陝西師範大学の李令福氏は、おおむね

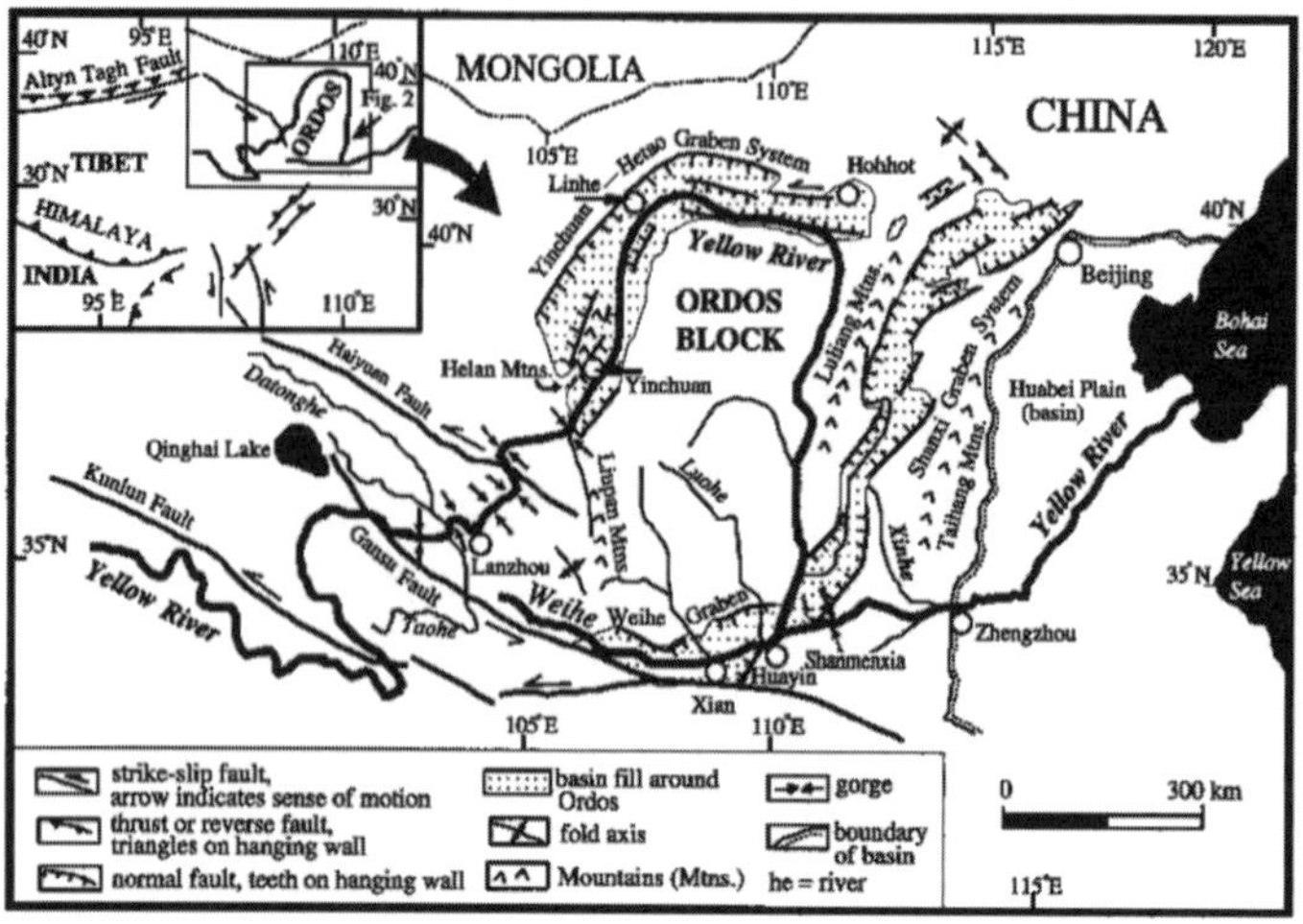

地図Ⅱ：林愛明‘How and when did the Yellow River develop its square bend?’
（*Geology*，29巻10号，2001年）

地図Ⅰに示したような経路だったと見ています。

陝西省の北方は、いわゆる黄土高原になりますが、大きく湾曲した黄河が取り囲む黄土高原（こうどこうげん）は、林愛明氏の説によると、黄河の北上が作り出したという複雑な褶曲（しゅうきょく）地形です（地図Ⅱ）。林氏によれば、黄河はもともと、現在の渭水（いすい）の位置を流れていたのですが、ヒマラヤ造山運動によって、西南方からの圧力が加わって東北方向に押し上げられ、現在の流路ができたのだそうです。従って黄土高原は、その名の由来である「黄土（正確には黄綿土）」に覆われた場所もありますが、もともとの黄河の河岸にあった砂地が表層に露出している場所や、第四氷河期以前には地下にあった古い地層である赤土の粘土が地表近くに押し上げられ、さらに表層を洗い流されて露出している場所もあります。その上、黄綿土の堆積していた部分が侵食されてできた深い谷で分断されています。数メートルの溝（雨が降れば小川になる）を挟んで離れているだけで、右の丘は、ジュラ紀に水底にあった証拠の貝が埋もれた砂利と小岩の堆積層、左の丘は真っ赤な粘土層といった具合です。表層でこうですから、地下水も複雑な位置に存在しているようですが、高原全体としては、内部に褶曲（皺が寄ったような凸凹）を抱えつつ、南方の渭水に水が流れこむ地勢にあるといえましょう。

この黄土高原と、渭水が中央を流れる関中盆地との境目では、かなり急な傾斜になる場所が多いようです。鄭国渠は、だいたいこの境目付近に建設されました。こういう場所では、黄土高原の地下を流れてきた地下水が、地表面の急な勾配の変化によって、地表に近い浅い水位になりがちです（地下水の方は、それまでと同じ傾斜で流れても、地表面が急に低くなるので、地下水が地表に滲みだしたり、崖から湧いたりします）。日本の扇状地の湧き水と似ていますね。そこは湿地帯になることもありますし、樹木の茂る藪になることもあります。鄭国渠が建設された土地の、以前（司馬遷から見て）の状況を示す「澤鹵」という言葉の「澤」は、沢という文字の正字体です。が、日本語の「沢：さわ」、川沿いの浅瀬のイメージとはちょっと異なります。この文字は、水を表すサンズイヘンと「睪」からできていますね。白川静氏によれば、「睪」は動物の遺骸が倒れている様なのだそうです。水辺にたどり着いた動物が、そこで倒れて死んでいるジメジメした場所、を表しているとされます。上述のように、黄土高原からの水が溜まりやすい関中盆地の北端では、大木が切り倒されると樹木の吸収していた水がその場に溜まって「澤」が出現するのです。

さて、鄭国渠が涇水から水を引いた場所・瓠口付近は、西周時代には「焦穫藪」と呼ばれ、周を代表する「美林」だった場所です。第四話で触れた『爾雅』では、周の「焦穫藪」を他の地方の森林と合わせて「十大美林」の一つとしています。また、『詩経』小雅にある、周の宣王の頃の伝説を歌った形式の詩「六月」にも、「玁狁の連中が、わが鎬京に近い焦穫藪にまで迫ってきている、なんと無礼な……」といった詩句が残っています。牧畜・狩猟民であったと考えられる「玁狁」が、ベースキャンプを張るような場所、つまり、樹木と水に恵まれた緑溢れる場所だったのです。

西周の王が、関中の湿地を排水して耕地を造成したことは第三話で述べました。が、森林を耕地にする、なんてことは、西周時代にはできません。なぜなら、当時の工具のほとんどは石器だったからです。大木を切り倒すことは困難でした。それに、都の鎬京に近い森林である焦穫藪は、燃料や生活に不可欠なさまざまな動植物を狩猟採集するための、重要な物資供給地でもあったはずですから、これを切り倒すことは考えられなかったのです。

古代の「環境破壊」

ところが、第四話で述べたように春秋末から戦国に鉄器が広まり、鉄の斧を使えば大樹を切り倒せるようになります。そして、関中を実効支配したのは、現在の甘粛省天水付近が根拠地だった、元来、馬牧畜民の秦族でした。天水（てんすい）には、木の版に描かれた始皇帝の頃の地図が出土したことで有名な放馬灘（ほうばたん）という場所があります（写真）。近代以降になっても、牧畜が行われていて、その土地の森林を管理しておいでの小隴山（しょうろうざん）林業実験局副局長・王建英さんに伺いますと、つい最近まで、放牧のために、毎年五月五日に山焼きをしていたのだそうです。それほど、雨が多くて樹木の生長が早い場所なのです。西安から、三百余キロも西のシルクロードにあるのですが、六盤山系にぶつかった偏西風が、雨を降らせるのです。こういう場所に馴染んでいた秦族にとって、樹木などは、毎年切ってもまた生えるもの、と思われていたのかもしれません。雨と森林に恵まれた日本列島の人々がそうであるように。

放馬灘森林公園入り口

　また、秦が関中に進出した後になっても、故地・天水付近は、長江流域との分水嶺にあたりますから、楚など南方の勢力と対抗するためには重要な交通ルートで、しっかり確保し続けていました。前述した地図は、天水付近を描いたものですが、軍事上のルートを記したものや、河川を利用した木材の搬出ルートを記したものも含まれます。おまけに、関中から天水までの経路は、隴山の麓を通って行くのですが、その途中の標高千メートルを超える千河付近には、「弦蒲藪」と呼ばれるこれまた著名な美林が、漢代になっても残っていました。「そこで産出する「隃麋墨」という墨一枚（と、当時は数えたようです）を毎月官吏に支給する」という規定が『漢旧儀』という文献に見えます。つまり、墨の材料になる優良な木材が、のちに漢代になっても取れたわけです。ですから、騎馬に巧みな春秋戦国期の秦族にとって、樹木の供給地は必ずしも焦穫藪である必要はなく、多少離れていても支配地域内にあればよかった、ともいえましょう。

さらに、戦国末期になっても、都を置いた咸陽（周の都・鎬京の跡地付近）のすぐ傍には、翟という非農耕民の勢力があって、秦の王族と通婚することもあったようですが、交戦することもありました。農耕を重視するようになった秦としては、そういう勢力が根拠地にしやすい森林を、都城付近に放置することを避けたい事情もあったかと思います。

が、何と言っても、斉の牛山同様、大都市咸陽近くの森林・焦穫藪は、人々の日常生活用の燃料や、秦の大軍を支える武器など鉄器生産の燃料として、大木も全て伐採されたと思われます。が、もともと湿地ですから、樹木を伐採してもアワなどの栽培には不適なジメジメした土地が露出しただけで、誰も耕地として利用しなかった可能性も高いのです。そうであれば刈り痕には、秦族にとって重要な家畜が放牧されることもあったでしょう。樹木が刈り倒されると、次第に付近の空気は乾燥してゆきます。関中は、天水のようには雨に恵まれません。六盤山系を越えて関中に吹く西風は、水分を失った乾いた空気だからです。でも、そんな違いを秦族に認識しろ、といっても無理だったでしょう。樹木が必要だから切ったので、刈り跡が湿地であれば放牧に利用すればいいのですから。さらに、森林が消失しますと、第四話で述べた森林の働き、有機質を土に還して腐植を作り団粒構造にすることがなくなります。土が団粒構造なら、おだんごの内部には水が保たれ、おだんごとおだんごの間には水が通るので、水保ちも水はけもよかったのですが、糊の役をしていた腐植がなくなると団粒構造を保てなくなり、土の表層がますます乾燥し易くなるのです。

さて、空気が乾燥する地方では、しばしば土の上に塩分・あるいはアルカリ分が溜まります（塩類集積）。山東半島の沿岸部や日本の八郎潟のように、海水の影響を受けて、その海水中の塩が溜まる、という所だけではありません。海から何千キロも離れた内陸部、砂漠の真ん中でも、塩の溜まる土地があります。それは、土壌の奥深くに存在する地下水が、空気の乾燥した場所では蒸発しやすくなるからです。小学校の理科で習った毛細管現象のことをご記憶でしょうか。特に、土の粒が小さく均等な所で、前述した団粒構造が消失しますと、まっすぐに積もっている土粒と土粒の間に毛細管のような細い空間ができるので、そこを通って何メートルも地下水が上昇したりします。その水は空中に蒸発しますけれど、地下水に溶けていた成分は、蒸発できず地表に残ります。その成分が、中性の塩であるか、アルカリ性塩類であるかは、場所の条件で変わってきます。

こうして、地表に点々と塩分の塊ができている土を、漢字で「鹵」と表現することは、第五話で述べました。「澤」は、前述した湿地の意味ですから、「澤鹵」「舄鹵」は、文字通り、水分の溜まりやすい澤や干潟（舄）が、何かの原因で乾燥したとき出来る土の状態ですし、「斥鹵（せきろ）」は、土の中から塩分が滲み出して「析出」されている状態を表現している訳です。

樹木を失った焦穫藪にも、この現象が発生したのです。

つまり、鄭国渠を建設した場所は、周代には鬱蒼たる緑の森・焦穫藪だった場所が、樹木の伐採と空気の乾燥化によって、「澤鹵」に変貌した所だったのです。

こういう、秦の領域での環境悪化情報を韓は承知していて、鄭国を送り込んだのでしょう。が、まんまと大土木工事を行わせて秦の国力を使わせても、工事が成功して秦が富強になったら、元も子もありません。でも工事が失敗したら、たとえスパイであることがバレなくても、当然鄭国は責任を取らされますから、韓の計略としては工事途中で逃げ出すように指示していたのではないでしょうか。ところが、実際には、鄭国の命は風前の灯になりました。鄭国としては、工事が成功して赦免されるために、何が何でも「澤鹵」改造が成功する計画を練らねばならなかったのです。

「澤鹵」利用法の逆転ウラ技―イナ作

こういう塩が噴出した土壌の出現、という現象は、戦国時代、関中―つまり秦の領域―でのみ発生したわけではありません。

すでに戦国初期、魏では、文侯の臣下だった西門豹（せいもんひょう）という人物が、太行山脈の山裾にある鄴（ぎょう）という土地で、漳水の水を引いて灌漑した、という伝説があります。漳水は太行山脈の山中を源とし、山系の稜線にほぼ平行して東北から西南へと流れますが、鄴の付近で大きく旋回し、全く逆に西南から東北方向に流路を変えるのです。この旋回点にあたる鄴周辺には、当然水の滞りやすい場所――班固の表現では「舃鹵」――ができます。鄴に吹く西風も、呂梁山脈などを越えてきますから乾燥しています（ただし、夏季の風は東南からの海風ですから、雨量は関中よりは多いのですが）。急速に富国強兵策を進めた魏での木材需要も、秦と同様に高かったのでしょう。森林が伐採されると、ここでも焦穫藪と同じく、干潟だった場所に塩が集積したのです。

こういう土地を農地として利用するには、表面の塩を水で洗い流す方法がもっとも手っ取り早いものです。この頃から、古代中国の大規模水利工事は、湿地や沼の排水・干拓型から、塩の吹き出た土地の洗浄型へと、各地で主流が変化したようです。それだけ森林伐採の影響が、全国化したのかもしれません。

ただし、データ欄に示すように、この伝説には異説があって、班固は、文侯の孫の時代に史起という人物が灌漑したのだ、という説を『漢書』に採用しています。その記載を見てみましょう。

II 『漢書』溝洫志

魏文侯時、西門豹為鄴令、有令名。至文侯曽孫襄王時、与群臣飲酒、王為群臣祝曰「令吾臣皆〔如〕西門豹之為人臣也」。史起進曰「魏氏之行田也以百畝、鄴独二百畝、是田悪也。漳水在其旁、西門豹不知用、是不智也。知而不興、是不仁也。仁智豹未之尽、何足法也」。於是以史起為鄴令、遂引漳水漑鄴、以富魏之河内。民歌之曰「鄴有賢令兮為史公、決漳水兮灌鄴旁、終古舃鹵兮生稲粱」。

II 『漢書』溝洫志

魏の文侯の時、西門豹鄴の令と為りて、令名有り。文侯の曽孫襄王の時に至り、群臣と飲酒す、王群臣の為に祝して曰く「吾が臣をして皆西門豹の人臣為るが如くあらしめん」と。史起進みて曰く「魏氏の田を行ふや百畝を以てす、鄴は独り二百畝、是れ田悪しければなり。漳水その旁に在り、西門豹用ゐるを知らざれば、是れ不智なり。知りて興さざれば、是れ不仁なり。仁智においては豹は未だ之を尽くさず、何ぞ法とするに足らんや」と。是に於て史起を以て鄴の令と為し、遂に漳水を引きて鄴を漑し、以て魏の河内を富ます。民之を歌ひて曰く「鄴に賢令有りて史公為り、漳水を決して鄴の旁に灌ぐ、終古の舃鹵稲粱を生ず」と。

西門豹が曽祖父の代の有能な家臣だったからと、「私の家来たちも彼のようになりますように」

なんて言葉で、襄王に乾杯の音頭を取られては、プライドが傷ついたのでしょうか、史起は、漳水を灌漑に利用もしないで、従来どおり他の土地の半額の生産量しか上げられない鄴の今日は、西門豹の無能の結果だ、と言い放ったのです。あるいは、抜擢・昇進を狙ったハッタリだったかもしれませんが、ともかく史起は鄴の令に起用されて、灌漑農業に成功します。で、この結果に喜んだ民が歌ったという歌も、班固は収録しています。

末尾の一句がそれです。「舄鹵」を灌漑して、「稲粱」が生育した、とありますね。「イネとモチアワ」です。

そう、人工的に水路を引き、塩の溜まった土地を洗い流して農地にするのに、まず稲を植えた、というのは、とても合理的な方法なのです。

現代でも、例えば「砂漠化を防ごう!」といった掛け声の下、資本と技術を駆使して灌漑が進められる場合は少なくありません。アルカリ地の改造となれば、灌漑しか方法がないように叫ばれた頃もありました。ところが灌漑は、なかなかのクセ者です。

空気が乾燥した場所で地表に集まった塩を灌漑水で流すと、その塩は地下に降りてゆきます。これを、灌漑に使った水と一緒に、耕地から遠い場所の大きな河川などに移してやることができれば、問題はありません。が、そのためには、その耕地の元来の地下水があった深さよりも、さらに深く、灌漑水排出専門の排水溝を掘る必要があります。そうしないと、せっかく流れた地表の塩は、その場所の地下水に混ざってしまいます。耕地が畑で、再び空気が乾燥すると……、そうです、流されていた塩は、また地下水と一緒に地表に昇っていってしまいます。しかも、一度流された塩が再度地表に上昇すると、第九話でも述べますが、「再生アルカリ化現象」と呼ばれる、灌漑しても流せない物質ができる、という厄介が起こるのです。

データ欄

III『呂氏春秋』上農篇
然後制野禁。……野禁有五。地未辟易、不操麻・不出糞。歯年未長、不敢為園囿。量力不足、不敢渠地而耕、……為害於時也。

III『呂氏春秋』上農篇
然る後に野禁（やきん）を制す。……野禁（農耕地域の人々への禁令）に五有り。地の未だ辟（ひら）き易（か）はらざれば、麻を操らず・糞を出ださず。歯年未だ長ならざれば、敢へて園囿（えんいう）を為（おさ）めず。量力足らざれば、敢へて地に渠して耕さず、……時に害を為（な）せばなり。

そのためか、始皇帝の実父（だと司馬遷が書いている）呂不韋が編纂した『呂氏春秋』という書籍には、一般農民に対して、「充分な労働力もない者が灌漑水路を造成してまで、農地開拓してはいけない」、との禁令が書いてあります（データ欄）。

でも、首都圏近くに広い面積の荒廃地があるなら、なんとか利用したくなるのも当然ですね。「再生アルカリ化」など起こさないためには、どうすればいいでしょう。

答えは簡単、地下水が上昇しなければいいのです。もともと、澤鹵や舄鹵になる場所は、地下水の溜まりやすい場所です。空気の乾燥は、そう簡単に改善できません。けれども、耕地の地表面が水に覆われていれば、地下水は上昇できません。毛細管と空気が接触しなくなり、塩類は集積できなくなります。灌漑して塩を洗い流し、さらに耕地の地表面を水で覆う、つまり鄴で試みられたように、水稲田にすれば再生アルカリ化は発生しないのです。

第一話で述べたように、洛陽・鄭州付近では新石器時代に、西周期には関中で、稲作が行われていました。下って漢の武帝のころまで、関中には「稲田使者」という役人が置かれていて、水稲田は特別な管理体系にあったようです（これは、秦が、国力を傾注して建設した鄭国渠で給水する耕地を国家の直接経営に近い形で利用したので、漢もそれを引き継いだと推定されます。が、考えてみれば、元来、鄭国渠が建設された場所・焦獲藪は、周王朝の管理する森林だったわけです。その跡地を領有した秦も、為政者直営地—国営牧場とか—としたことは充分考えられます。水稲田への改造後も、国家の直轄地だったのは当然でしょう。灌漑水路を国家が建設したから、その流域を耕作する農民への支配が強力になった、といった説もかつて唱えられましたが、いささか事態の因果関係を転倒させての論理かと思われます）。このように、稲作の跡は点々と記録に残るのですが、従来あまり重視されませんでした。それは、以下のようないきさつに因ります。

乾燥地における水稲作は、それが可能な条件、つまり充分な量の澄んだ中性の地表水が得られれば成功します。アルカリ性の泥水などでは、上手く生育できません。湧水などでは、冷たすぎる場合もありえます。そのため、後の漢代にできた『氾勝之書（はんしょうしのしょ）』という書籍には、「井戸水などを使って稲作する場合は、わざわざ迂回路を作って水を温める（日本人にはおなじみの日向水（ひなたみず）ですね）ようにせよ」という指示まであります。

もう一つの条件は、これも「日本人の常識」ですが、気温・日照です。年間積算温度が足りないと、冷害が発生しますね。

この二つの条件、清水と温暖とが古代の華北に存在した、とは、従来、考えられていなかったのです。が、涇水は、第二話でお話したように、元来、水稲作が可能な清水の流れる河でした。鄭国渠の建設された段階で、渠水には、他の河川の水も導入されたようですが、それらも当然清水だったでしょう。関中の森林は、ほぼ消えかけていたとしても、河川の水源である黄土高原の樹木は、傾斜地にありますから、まだ、切りつくされてはいなかったはずです。沿岸に樹木や草地があれば、その根が土砂を留め、川水は濁りにくいのです。近現代と古代のこうした環境の差異について、あまり考慮されてこなかったのが、鄭国渠に関する理解が不充分だった原因の一つでした。

鄭国のラッキーポイント

韓の人であった鄭国は、むろん、鄴での灌漑稲作の成功例を知っていたと思われます。灌漑水路建設を建策する以上、水路を利用した耕地は水稲田にする計画だったでしょう。それに利用できる清水の存在も、確認できていたはずです。だから、成功の自信を持って弁明したのかもしれません。

が、彼が、命拾いできた最後の条件、それは、戦国期から漢代にかけて、再び華北が、殷代ほどではありませんが温暖期を迎えていて、稲作の高収穫が得られたことにあったのです。

参考文献

林愛明 'How and when did the Yellow River develop its square bend?'（*Geology*, 二九巻一〇号、二〇〇一年）

水収支研究グループ編『地下水資源学――広域地下水開発と保全の科学』（共立出版、一九七三年）

中野政詩『土の物質移動学』（東京大学出版会、一九九一年）

天野元之助「中国における自然改造、とくに含塩土と風沙土の改造について」（『アジア研究』一二-二、一九六五年）

第八話　司馬相如のカノジョはイモ娘？
——秦漢期・四川に生きる心意気——

オシャレ文士のバツイチ獲得作戦

司馬相如と卓文君の恋物語をご存じでしょうか。

司馬相如とは、漢・武帝にその才能を寵愛され、今日まで幾多の作品が伝わっている奇才の文人、卓文君は、蜀（現在の四川省）でもやや奥地・臨邛の大富豪である卓王孫の娘で、古代中国の、王侯の妻や娘でない女性にしては珍しく、個人名（雅号とか呼び名かもしれませんが）が伝わっている存在です。むろん、この二人の恋物語が『史記』その他の文献に書き残されているからなのですが、司馬相如と同時代人で、武帝に仕えたいわば同僚でもある司馬遷が、この物語を詳細に伝えたのは、なぜだったのか、さまざまな説がありますが、今ひとつはっきりしません。が、まずは、司馬相如の伝記から、二人の出会いを見てみることにしましょう。

I 『史記』司馬相如伝

是時卓王孫有女（卓）文君新寡、好音、故相如繆与令相重、而以琴心挑之。相如之臨邛、従車騎、雍容閒雅甚都。及飲卓氏、弄琴。（卓）文君竊従戸窺之、心悦而好之、恐不得當也。既罷、相如乃使人重賜文君侍者通殷勤。文君夜亡奔相如、相如乃与馳帰成都。家居徒四壁立。卓王孫大怒曰「女至不材。我不忍殺、不分一銭也」。人或謂王孫、王孫終不聴。文君久之不楽、曰「長卿第倶如臨邛、従昆弟仮貸猶足為生、何至自苦如此」。相如

I 『史記』司馬相如伝

是の時、卓王孫に女（卓）文君の新たに寡となる有り、音を好む。故に相如、令と繆びて相ひ重んじ、而して琴心を以て之に挑むなり。相如の臨邛に之くや、車騎を従へ、雍容たる閒雅は甚だ都びたり。卓氏に飲むに及び、琴を弄ぶ。（卓）文君竊かに戸より之を窺ひ、心に悦びて之を好むも、当を得ざるを恐るるなり。既にして罷り、相如乃ち人をして重く文君の侍者に賜ひて殷勤を通ぜしむ。文君夜亡げて相如に奔り、相如乃ち与に馳せて成都に帰る。家居するも徒だ四壁立つのみ。卓王孫大いに怒りて曰く「女は至りて不材なり。我殺すには忍びざるも、一銭をも分たざるなり」。人の或ひは王孫に謂ふも、王孫終に聴さず。文君之に久しくして楽しまず、曰く「長卿第し倶に臨邛に如かば、従昆弟より仮貸するも猶ほ生を為すに足らん、何ぞ自づから苦しむこと此の如きに至らん

与倶之臨邛、尽売其車騎、買一酒舎酤酒、而令文君当鑪。相如身自著犢鼻褌、与保庸雑作、滌器於市中。卓王孫聞而恥之、為杜門不出。昆弟諸公更謂王孫曰「有一男両女、所不足者非財也。今文君已失身於司馬長卿、長卿故倦游、雖貧、其人材足依也。且又令客、独奈何相辱如此」。卓王孫不得已、分予文君僮百人、銭百万、及其嫁時衣被財物。文君乃与相如帰成都、買田宅、為富人。

や」と。相如、倶に臨邛に之き、尽く其の車騎を売りて、一酒舎を買ひて酒を酤り、文君をして鑪に当らしむ。相如身自づから犢鼻褌を著け、保庸と雑りて作し、器を市中に滌ぐ。卓王孫聞きて之を恥ぢ、為に門を杜ざして出でず。昆弟諸公更も王孫に謂ひて曰く「一男両女有り、足ざる所は財に非ざるなり。今文君已に身を司馬長卿に失ふ、長卿故と游に倦みて貧と雖も、其の人材は依るに足るなり。且つ又令の客をして、独り奈何ぞ相ひ辱しむること此の如からんや」と。卓王孫已むを得ずして、文君に僮百人、銭百万、及び其の嫁時の衣被財物を分予す。文君乃ち相如と成都に帰り、田宅を買ひ、富人と為る。

（四川の成都に生まれた）司馬相如（字は長卿）は、仕えていた梁の孝王が亡くなって成都に戻り、無為に過していた時、旧知で臨邛の県令・王吉の計らいで、土地の富豪・卓王孫を訪れます。この時、王孫の娘・文君は夫を亡くし実家に戻っていました。彼女が音楽好き、という情報をしっかりキャッチしていた王吉と相如は、うまく連携プレイをして相如の音楽の腕を披露できるよう仕掛け、琴の音色に託して文君の関心を引こうとしたのです。ですから相如は訪問に際して、立派な車騎を従え、ゆったりと優雅に洗練された雰囲気を漂わせ、バッチリ決めていました。卓氏との酒宴が始まって計画通り琴を爪弾きます。文君は、楽の音に惹かれ、こっそり戸口からのぞき見して相如の姿を眼に留め（まんまと計略に引っかかったということなのですが）、「あらステキ、わりと好みだわ」と思いつつも、「でも、これはやっぱりマズイかしら」とも迷いました。

卓家を辞去するやいなや、相如は早速人を介して文君のおそば使いの者にたっぷりプレゼントし、「ひとつ宜しく」と慇懃を通じて手なづけ（むろん、内緒のお付き会いをスムーズに進めるためでしょう。このとき贈ったとされるラヴレターも『史記』以外の書籍には採録されているのですが、ここでは省略します）ました。やがて文君は夜中にこっそり抜け出して相如のもとに奔り、相如はすぐさま文君と馬でひた走り、成都に逃げ帰りました。ところが、司馬相如の家といったって、ただ四方に壁があるだけという代物、すっからかんの貧乏所帯だったのです。

卓王孫は、むろんカンカンに怒り「ウチの娘は全くアホウの極みだ！　殺すには忍びないけれども、金はビタ一文分けてやらないぞ！」と怒鳴ります。人が取り成してやろうとしても、王孫は頑として許しません。そのうち文君は、こんな貧乏暮らしがいつまで続くのかとうんざりしてしまい、「ね、旦那様、もし一緒に臨邛に行ってくださったら、従兄弟たち（弟に、と読むのが一般ですが、採りません。弁護してくれた叔父さんたちの息子だと考えます）に借金してだって何とか食べてゆけますわ。何で好きこのんで、ここまで苦しい暮らしをしなきゃならないんですの」と、愚痴をこぼしました。そこで、一緒に臨邛に舞い戻ります。なけなしの財産である車や馬を綺麗さっぱり売り払うと、その金で、とある酒屋を買い取ってその酒を売り、文君にお燗番（要するにバーのマダム、いえ呑み屋の女将ですネ）をさせました。相如自身は、フンドシ一丁で下働きに混じって雑用をこなし、市場（に開いた店）で皿洗いです。

これが卓王孫の耳に入りましたから、あまりの恥ずかしさにとうとう屋敷の門を閉ざしてしまい、外出しようともしません。親戚連中が見かねて口々に王孫の説得にかかりました。「息子一人に娘が二人、カネがないわけじゃないでしょう。もう文君は司馬長卿に身を許してしまったんだし、そもそも長卿は游学・仕官にうんざりしただけで、貧乏してはいても人材としてはなかなかですよ。おまけに県令の客分を、ここまで惨めな目にあわせておかなくてもいいじゃありませんか！」、といった調子です。卓王孫はやむを得ず、文君に僮（奴隷）を百人、銭を百万銭と、もともとの嫁入りの時に誂えていた衣装や道具を分け与えました。そこで文君は相如と成都に帰り、田畑と屋敷を買って、富人となりました。

卓文君の実像は？

このお話、一般には、遊び人の司馬相如が、金持ちの娘と駆け落ちした、というニュアンスで受け取られているようです。中には卓文君を「深窓の令嬢」なんて形容している文献もあります。また一説には、この時、卓文君は十七歳だった、という伝えもありますから、若くして相応の名家に嫁いだ早々、夫に死なれて右も左も解らなくなった世間知らず、という面はあったのでしょう。才能も地位もあるふりを装った貧乏司馬相如と王吉の策略に、マンマと引っかかって恋に落ちたわけですし……。でも、「今時の若者」の話ではありません。中原の諸国について、媒酌人なしの結婚で生まれた子供を身分的に差別する、などと書かれた文献さえあるほどです。秦では、征服地の住人と元来の秦の戸籍を持つ者との間の結婚にも、身分的制限が設けられたと読みうる法律文書も出土しています。そのような社会の中で、こういう恋の逃避行を決行するには、卓文君にもかなりの勇気が必要だったでしょう。「恋の情熱」だけで片付けられるでしょうか。ですから近代になって郭沫若が戯曲『卓文君』で、彼女を「婦徳」といった規範への反逆者として描いた、というのも一理あるとは思います。が、そういう、概念的な理解で、果たして彼女の全体像を把握できるでしょうか。

また、『史記』は、彼女の見た目の美醜については何も記していませんが、さまざまな文献やお芝居などでは、むろん、「絶世の美女」扱いです。確かに、あまり容姿に問題があれば、女将商売にも差し障りがあったことでしょう。古来幾多の詩文・戯曲・絵画等々の素材となってきたのは、まあ、楊貴妃や西施と並ぶ美人の代表格とみなされてきたからなのでしょうが……。

でも、この卓文君、実は、「イモネエチャン」でした。いえ、差別用語のつもりはありません。「竹から生まれたかぐや姫」ならぬ、文字通り「イモから生まれたお嬢ちゃん」だったのです。

卓文君のご先祖

卓文君のご先祖様について、『史記』は、貨殖列伝で、その波瀾に富んだ成功譚を紹介しています。

データ欄

II『史記』貨殖列伝

蜀卓氏之先、趙人也、用鉄冶富。秦破趙、遷卓氏。卓氏見虜略、独夫妻推輦、行詣遷処。諸遷虜少有余財、争与吏、求近処、処葭萌。唯卓氏曰「此地狭薄。吾聞汶山之

II『史記』貨殖列伝

蜀の卓氏の先は、趙人なり。鉄冶を用て富めり。秦、趙を破り、卓氏を遷す。卓氏虜略せられ、独だ夫妻して輦を推し、行きて遷処に詣る。諸ろの遷虜、少しく余財有るは、争ひて吏に与へ、近処を求めて、葭萌に処る。唯だ卓氏曰く「此の地狭薄。吾れ聞く、汶山の

下、沃野、下有蹲鴟、至死不飢。民工於市、易賈」。乃求遠遷。致之臨邛、大喜、即鉄山鼓鋳、運籌策、傾滇蜀之民、富至僮千人。田池射猟之楽、擬於人君。

下、沃野たりて、下に蹲鴟有り、死に至るも飢ゑず。民は市に工し、易賈す、と」と。乃ち遠く遷るを求む。之を臨邛に致せば、大いに喜び、鉄山に即きて鼓鋳し、籌策を運らし、滇蜀の民を傾けて、富は僮千人に至る。田池射猟の楽しみは、人君に擬す。

蜀の卓氏（つまり卓王孫や卓文君の一族）の祖先は、趙の人でした。鉄の鋳造を生業として、富裕になっていました。ところが、秦は趙を破り、他の大勢の趙の住人同様、卓氏を強制移住させます。卓氏は捕縛され、召使いもなく夫妻だけで手押し車を押し、ようやく配流の地の蜀にたどり着きます。虜になった多くの人々のうち多少財産のあるものは皆、争って、彼らを管理連行する役人に賄賂を贈り、少しでも故郷に近い場所に定住させてくれるようにと頼み込んで、葭萌に住むことになりました。

ところが、卓氏だけは、こう言ったのです。

「ここ（葭萌）は、土地が狭くて痩せ地です。聞くところでは、汶山の麓に沃野があって、下には、蹲ったみみずくほどの大きさのイモが埋まっているそうですね。それを食べれば、死ぬまで飢えることはない、とも聞いています。その辺りの民は市場で手工業を営み、交易・売り買いしてい

ると も聞きました。」

そして、より遠隔地に遷してくれるよう頼んだのです。そこで役人は卓氏を臨邛に行かせます。卓氏はとても喜んで、鉄鉱石の鉱山を見つけ、趙でやっていたのと同様に、ふいごを使って高温で鉄鉱石を溶かす鋳造法による製鉄を開始しました。近隣（滇蜀）の民衆が、以前から作っていた鉄器とは比べ物になりませんから、元からの鍛冶職人の市場をすっかり奪って大成功、やがて富は僮（奴隷）を千人も抱えるほどになり、ハンティングやら釣りやらの遊行三昧では、王侯貴族にも匹敵するほどになったのです。

卓氏のもくろみ

蜀は鉱物資源豊富な土地柄です。殷周時代のものと考えられている三星堆遺跡から発見された、異様に大きな仮面や丈高い神像は、日本でも何度か公開されましたから、ご覧になった方もおいででしょう。銅や錫の鉱山があったわけで、むろん、鉄鉱山もあります。今日でも四川は、製鉄業のさかんな土地です。おそらく趙にいたときから、同業者として卓氏は、全国各地の鉄製品生産地に関する情報を持っていて、その中に蜀の製鉄に関する知識も混じっていたと思われます。

製鉄には、おおまかに分けると二つの方法があります。鋳鉄と鍛鉄です。

鋳鉄は、鉄鉱石を高温で溶かして不純物を除き、鋳型に流して作る製法で、中国では古代からこれが主流でした。硬い鉄が作れますが、脆いのが欠点なのだそうです。ふいごなど、設備投資が必要ですが、工程の中には技術の不要な作業もあり、その部分を奴隷に従事させる、という労働形態が可能でした。ですから、大量生産できることも特徴で、鉄製農具の普及などは、この製法の普及があって初めて可能だったといえましょう。おそらく、殷代以来の高度な青銅器製作技術の影響もあったかと思われます。

　これに対して、鍛鉄は、鉄鉱石を比較的小さな坩堝で熱し、不純物をザッと除いた後、何度も敲いては水に入れてまた熱する工程を繰り返しつつ、鉄の分子を整然と並べて整形してゆくものです。強度は劣るそうですが、柔らかくしなやかな道具がつくれるようで、刃物などに向いています。西欧では、長くこれが主流でした。いわゆる「村の鍛冶屋」がトンテンカンとやる、あれです。小規模生産になるのと、技術が必要なのとで、親方から徒弟へと伝承される技術だったようです。が、小さい炉で生産可能ですから、固定した大規模な設備は不要です。移動する遊牧民などには、このほうが便利だったと思われます。例えば、後の時代になりますが、突厥（とっけつ）初期のリーダー・土門などは、頭初服属していた蠕蠕（ぜんぜん）（或いは茹茹とも表記）に、軍事力の余勢を駆って婚姻の申し込みをした時、「汝は、我が鍛奴であるのに、なんで、かかる無礼なことを言うのか！」と罵倒された、という記録（『周書』『北史』など）があります。鍛鉄製造技術を持った人間集団が、まとまって他の集団に隷属していた様子が窺われます。

卓氏が、役人に語った言葉に「民は市に工し」とあります（易賈を市に工（たく）みにし、と一般に読みますが、それでは蚕市（かいこいち）もあったという蜀の「市」の描写として不充分でしょう）。汶山の麓付近・臨邛で、彼の配流以前から鉄製品が作られている、と知っていたのでしょう。「市」は、どんな小さな集落にあっても、それなりに人通りがあるはずです。でなければモノは売れません（冒頭に見た、のちに司馬相如と卓文君が開いた酒屋も「市」にあり、戦国以来、中原の多くの国で商業の営業場所を市に固定する政策が採られますが）。おそらく、野菜や織物、装飾品、木工製品などの露店や木工・竹細工職人の製造直売所などに混じって、小さな鍛冶屋が店を開き、修理も含めて鉄製品を作っている、という話を聞いていたのだろうと思います。人だかりの中に、後に卓氏が作ったような、また中原諸国で公的管理の下、営まれた、大量の燃料や労働力、ふいごを使う大きな鋳造工場があったとは思えません。となれば、卓氏以前に市で営まれていた製鉄は、鍛鉄法による小規模零細なものだったでしょう。しかも、鉄鉱石なり砂鉄なりが、近くで採れるはずです。そこに、卓氏は、活路を見出していたのだと思われます。

配流の憂き目に会いながら、ただただ望郷の想いに浸ってウジウジしている他の人々を尻目に、「蜀で生きる道」を考え、身についた製鉄業の知識と経験を生かせる居住地を望んで実行に移した卓氏は、すでに、その決断自体が、成功を内包するものだったのかもしれません。

画像石に残る鋳造（1930年、山東省滕県出土）

鉄作りで生きる条件

が、卓氏の考えが成功するためには、もう一つ、決定的な要素があります。

それは、役人に語った、「汶山の麓の沃野に、蹲ったみみずくほどの大きさのイモが埋まっていてそれを食べていれば死ぬまで飢えないで済む」という伝聞知識です。

鉄は食べられません。鉄であれ銅であれ金属加工品や、木工製品でも衣料品でも、および食品でないものをたくさん作って生活しようとすれば、生産する人の食料が必要です。が、流された人々の多くがたどったであろう、農民として入植させられる道を選べば、農業生産をするだけで、暮らしは手一杯になるはずです。妻と押してきた手押し車の荷物の中には、多少の貨幣や貴金属も潜ませてはあったでしょうが、それを座して食べるための食料購入にあてれば、たちまちのうちに、困窮したはずです。ところが、自生のイモがある、という情報は、製鉄業を軌道に乗せるまで、農業をしなくても暮らせる可能性を示していたのです。

みみずくが蹲ったような形の大きなイモ、たぶん、ヤム系の大型のサトイモ類であろうと思われますが、「民は稲魚を食らひ、凶年の憂ひ亡(な)し」といわれるように、かなり温暖湿潤な盆地である四川の湿地なら、自生していたことは充分考えられます。堅い土を農具を使って懸命に掘り起こし耕して、種蒔き・草取りその他の手入れをし、といった必要もなく、ちょっとした作業で、お腹を満たすことのできる植物が手に入る、それも、人が囲い込んで占有権を主張するような場所でなく、そこら一帯でイモの掘れる「沃野」がある（ちなみに、「沃」字は、元来、水が豊富にある、という意味です）、これは、夢のような好立地でした。この情報を得ていて、なおかつ、「即ち」つまり、すぐさま採掘権を手に入れられる鉄鉱山を見つけ、鋳造のできる設備を設け、若干の労働力を確保するまで、贅沢などせず自生のイモを食べて食い繋ごう、という、知識と覚悟とがあって初めて、卓氏の計画は成り立ったのです。

殷や周の王権の下で、金属工業の実務を担っていた人々は、隷属民だったようです。先ほどの突厥の例からも、金属工業従事者が、他の人間に隷属する必然性は窺われます。居住地一帯が、農耕ないし牧畜で生きるしかない場所で、食べられないものを生産することは、誰かに食べさせてもらう必要を意味します。隷属せざるを得ないでしょう。逆に、支配する側から見れば、食べられないものを特定の人間に生産させ、彼らに食料を支給できる、ということは、それだけの豊富な富・強大な権力を保有して初めて可能なことでもあるわけです。

が、これは、あくまで、農耕か牧畜を行う以外に、食料調達の術がない場所での話です。狩猟採集によって、生きてゆくのに必要な食料を入手できれば、それも容易に入手できれば、大半の労働力を、金属工業に費やすことは可能なわけです。

沼地を掘れば出てくるイモのある土地、これは、未知の場所で、ゼロから製鉄業を興そうという卓氏にとって、絶好の場所だったのです。四川は今日でも、水に恵まれ森林も多く平らな盆地と山岳とが相い接し、多様な環境を保っている、中国では珍しい地域です。稲も伝説時代から栽培していたようでむろん現在でも作付け可能ですし、果樹栽培も盛ん、五〇〜六〇年代には、鉄鋼業の中心地でもありました。少数民族も多く居住しています。そもそも、卓氏が持っていた情報の「市に工」していた人々だって、作った品物が売れないときは、イモで食いつないでいたのではないでしょうか。

逆に、このような環境に住めなければ、卓氏に未来はなかったといえましょう。イモの生える環境こそが、卓氏一族再興の鍵だったのです。

イモから生まれた卓文君

卓文君は、確かに、富裕な家庭に生い育った美しい女性だったかもしれません。

が、夜を徹しての恋の逃避行だけでなく、成都の司馬相如の家では暮らしてゆけないと判断した後の切り替えの的確さ、「世間体」などものともせず、生きてゆくには呑み屋の切り盛りも平気という心意気、などなどは、実にたくましいものではないでしょうか。なよなよ、フニャフニャした「お嬢様」なんかではなかったという印象を受けます。

なお、晩年、司馬相如が没した後のエピソードとして、武帝に寵愛され、一代の令名を馳せたにもかかわらず、彼の没後、武帝からの使者が、何か遺作はないか探すように、との武帝の命を受けて尋ねたところ、卓文君は、たった一篇のみを示し、「夫は、夥しい作品を残しましたが、書いたハシから、どなたかが持っておゆきになり、これしかございません。これは、『私の死後、どなたか遺作を探しに来られたら、さし上げよ』と言い残したものでございます」と言ったのだそうです。卓文君だけでなく、司馬相如も「貯蓄志向」には、縁遠かったのではないでしょうか。才気に任せて幾多の作品を生み出すことはしても、ことさらそれを蓄えようとは思わない感性、臨機応変に目の前の素材で何かを生み出してゆく精神、そんな感性が、実は二人を結んだ絆の中心だったかもしれないのです。司馬相如だって成都―つまり四川の人ですからね。

「常識」などに囚われず、現実を直視し、当座の貧乏など平気、でも一発逆転を狙う気概も保持している、そういう精神と、先に述べた知識と技術とによって、卓氏は成功を収めました。イモを食べて繋いだ命で、そこまでの道が歩めたのです。蜀のみならず、長安にまで鳴り響く富裕者としての名声は、取りも直さず、イモが生んだものでした。卓王孫も卓文君も、蜀の臨邛にイモがなければ、この世に生まれることはなかったのです。

何世代かを経て生まれた卓王孫は、生まれながらの卓氏一族の家長として、幾らか世間並みの保守的な心情、ないし、「常識」を持つようになっていたかもしれません。

が、娘の卓文君は、いささか先祖帰りに近い遺伝子を持っていたのではないでしょうか。祖先の卓氏の心意気を、色濃く受け継いでいると思います。

だから、卓文君は「イモネエチャン」だ、と、満腔の賞賛の意を込めて、申したいのです。

参考文献

大室幹雄『正名と狂言―古代中国知識人の言語世界』(せりか書房、一九七五年)
佐原康夫『漢代都市機構の研究』(汲古書院、二〇〇二年)

第九話 「公共事業」は昔も今も……
――漢・武帝期の大規模灌漑と後遺症――

ドロは確かに肥沃だけれど……

中国前近代の大規模土木工事といえば、秦の始皇帝による万里の長城や阿房宮(あぼうきゅう)の建設が著名でしょう。第七話で述べた鄭国渠(ていこくきょ)の建設も、始皇帝の時です。公共事業が国家財政を圧迫するのは今と同じですが、前近代の大規模工事は、人々に義務的徭役(ようえき)を課して実施されるのが常でしたから、工事に駆り出された民衆の秦の統治に対する恨みは並大抵ではありません。秦の滅亡も、工事に召集され集合期日に遅れた陳勝と呉広が、どうせ死ぬならと叛乱を決意したのが直接的原因です。ですから、その後全国支配に乗り出した漢の劉邦は、人々の生活安定を基本的政治方針とし、匈奴との戦争も、多額の貢ぎ物をすることで回避しました。このため、景帝(在位前一五六～一四一年)の時代になると、国庫に穀物があふれた、という記録があります。

これが一変したのは、七代皇帝・武帝の時代で、彼は匈奴等の外部勢力に対して遠征を繰り返しましたが、その戦費調達の上からも税収を上げるべく盛んに水利工事を行いました。鄭国渠もこの頃機能が衰えたらしく、その河道とほぼ平行に建設された、白渠(はくきょ)を詠った「民の歌」が、残っています。

データ欄

『漢書』溝洫志(こうきょくし)
田於何所
池陽・谷口。
鄭国在前、
白渠起後。
挙臿為雲、
決渠為雨。
涇水一石、
其泥数斗、
且漑且糞、
長我禾黍、

『漢書』溝洫志(こうきょくし)
ハタケつくるなら何処(どこ)にしよう?
池陽(ちよう)か、それとも谷口(こくこう)がよいか。
前にあったは鄭国渠、
後には白渠もできたとナ。
シャベルかざすは雲出たよなモノで、
堤崩すが雨降るよなモノよ。
涇水一石(けいすいいっこく)、
その泥数斗(どろすうと)、
お湿りになり、肥えになり、
オラがアワ・キビ大きく育て、

衣食京師、――都のおひとの億万の、
億万之口。――腹を満たしてべべ着せる。

古代の灌漑工事については、司馬遷『史記』にも「河渠書（かきょしょ）」というまとまった記録があるのですが、何故か白渠については記されていません。それが、建設時期と『史記』の執筆時期との関係によるものなのか、他の理由があるのかは不明です。したがって、白渠については、班固の『漢書』溝洫志（こうきょくし）のみが伝えています。それが、この歌です。

ここからわかることは、白渠の流域では、「アワ・キビ」の生産、つまり畑作が行われた、ということです。そして白渠は、涇水（けいすい）から水ばかりでなく、その泥も引き込んで、肥料分として利用しよう、という計画だったのです。

戦国時代の秦は、法家の考え方で大田穀作主義を実施し、全域的に耕地開発を進めましたから、開発は関中のみならず、第二話でお話ししたあの豳（ひん）の地、つまり涇水流域の、現在の黄土高原にも及んだようです。傾斜地の耕地化によって流失しやすくなった表土の行く先は、まずは、涇水や洛（らく）水（すい）、延河あるいは、清谷水・濁谷水・石河水、等の支流でしたが、渭水（いすい）ないし黄河に流れ込んだそれらの水と泥は、最終的には、黄河を通って渤海湾（ぼっかいわん）にまで到ります。元来、「河」とだけ呼ばれていた黄河が、ことさら「黄」河と呼ばれるようになったのは、つまり、それだけ、いつも泥で濁った河になったのは、戦国以前の記録からは確認できません。だからこの問題に古くから着目された史念海氏は、おそらく戦国以降の変化だとしています。いうまでもなく、今日でも黄河の源流は清水であり、甘粛省から寧夏回族自治区、陝西省北部と回る湾曲部を経て、黄濁し始めるのです。漢代になると黄河の大規模な決壊の記録が出現し、武帝の時代に瓠子という場所で起った決壊は、ことに有名です。周の頃、七月の村では稲作も可能な清水だった涇水は、泥の河になったのです。その泥には、上流の放牧地等で土壌に供給される有機質も流れ込みますから、白渠の灌漑方法は、一見、有効だったように見えます。

畑作灌漑の盲点――再生アルカリ化

が、思い出して下さい。第七話で述べたように、秦の時鄭国渠が作られ、いままた白渠が作られた黄土高原と関中盆地の境界地点は、元来、乾燥すればアルカリ化する地勢にありました。畑作灌漑を行うと、毛細管の原理が再び働き出します。集積していた塩は、灌漑すればいったん洗い流されますが、畑では水の供給が止まると表土が乾燥します。その場所の地下水位が、毛細管による地表への上昇可能な程度の深さしかないと、塩分は再び昇ってくるのです。一次的なアルカリ地の場合と異なり、すでに一度灌漑されて塩分が地下に溜まった土地では、上昇した地下水が蒸発する時、重炭酸ナトリウムなどが生成され、再生アルカリ化という現象が発生します。再生アルカリは水に溶けない物質です。もう灌漑によって洗い流すことはできません。つまり稲作しないで灌漑する畑作地は、鄭国渠建設以前より、さらに農作物に有害な土地に変わってしまうのです。

　これを防ぎつつアワやキビなどを灌漑して栽培するには、耕地の地下水位より低い深さに溝を掘って、灌漑した後の排水を、供給する水とは別系統で排出する必要があります。これは大工事ですし、この原理は、近年になって、ようやく解明されてきたものです。古代はもちろん、二〇世紀になっても、あまり原理的な理解がなされていませんでした。そこで、一九五〇年代、六〇年代の南アジア・西アジアなど世界各地で、乾燥地を耕地（畑）化しようと灌漑し、当初は成功したのに数年経つと塩類集積（えんるいしゅうせき）が起って農業生産ができなくなる、という現象が頻発して失敗をもたらしました。メソポタミアのウル第一王朝が衰退したのも、この灌漑→耕地のアルカリ化→農業生産の衰退、というメカニズムによるものだ、という説もあるのです。陝西省でも五〇年代に灌漑失敗による再生アルカリ化現象の大規模発生が報告されています。

　漢代に、これを防ぐような緻密な工事ができたとは思われません。

　また、灌漑地ばかりでなく、灌漑水が流出してゆく下流にも塩類集積が発生します。流れ出たものは、どこかに溜まるのです。この結果、渭水の下流、黄河と合流する附近には、塩が集積し、唐の時代には、国営の製塩施設まで作られています。

『史記』河渠書や、『漢書』溝洫志は、大規模な渠水建設の記録を数多く残していて、それが、農業生産に有効であった、と読みうる記載はあります。が、眼前の現象だけで大規模開発が環境に与える影響は理解しづらいものです。司馬遷も班固も、王朝の役人ですから、政府の事業がマイナス効果をもたらした、とは、思っていなかったでしょう。特に班固は、儒家的発想にこだわる人物で、穀物生産こそ国家の基幹産業であるべきだ、という主張の強い人物ですから、農業面での成功を主張したかったと思われます。ところが、実際には白渠に関して、前記の歌のほかには「とても豊かになった」としか記していないのです。彼らの記録を、額面通り、受け取れるでしょうか。

代田法―再開発の秘策

さて、いったん再生アルカリ化した土地は、全く使い物にならないのでしょうか。

今日では、このような現象を発生させないよう、耕地造成の初めから、地下水位よりも低く排水溝を設置することはもちろん、乾燥地での畑作灌漑には地中を通したパイプなどから水を浸透させ、灌漑水と空気の接触を絶つような工夫（滴灌法と呼びます）がなされています。

が、これはむろん、近代科学技術のもたらしたものです。前近代では、どう対応できたでしょうか。

これに関して、重要な示唆を提起されたのは、一九三〇年代の中国東北地区農業を精査された天野元之助氏です。氏の調査によれば、強度の再生アルカリ土壌においても農耕を続けるために採用される手段は、まず、耕地の四周に深く排水溝を掘り、耕地を畝立て法で整備し、溝に播種することだといいます。畝立てする際に、塩分の集積した地表の土を避けて畝に積み、種はアルカリ分のない深い溝の中に撒くのです。弱い芽生えの時期を襲う春先の乾燥を過ごせば、やがて雨が降り、畝に避けておいたアルカリ分は、雨が地中深く（物理的に）流し去り、排水溝へと排出されます。その後は、普通に耕作できる、というのです。

まさしくこの方法とピッタリ符合する耕地整備法が、『漢書』食貨志に記されています。

データ欄

『漢書』食貨志・代田法の条（抜粋）

武帝末年、悔征伐之事、乃封丞相為富民侯、下詔曰、「方今之務在於力農」。以趙過為捜粟都尉。過能為代田、一畝三甽、歳代処。故曰代田、古法也。……而播種於甽中。苗生葉以上、稍耨隴草、因

『漢書』食貨志・代田法の条

武帝の末年、征伐之事を悔ひ、乃ち丞相を封じて富民侯と為し、詔を下して曰く、「方今之務は農に力むるに在り」と。趙過を以て捜粟都尉と為す。過能く代田を為る。一畝三甽、歳ごとに処を代ふ。故に曰く代田と、古法なり。……而して甽中に播種す。苗葉を生ずるより以上、稍く隴草を耨り、因りて其の土を隤し

隤其土以附苗根、故其詩曰、「或芸或耔、黍稷儗儗」。芸、除草也。耔、附根也。言苗稍壮、毎耨輒附根、比盛暑、隴尽而根深、能風与旱。故儗儗而盛也。其耕耘下種田器、皆有便巧。率十二夫為田一井一屋、故畮五頃、用耦犂二牛三人、一歳之収常過縵田畮一斛以上、善者倍之。過使教田太常・三輔、大農置工巧奴与従事、為作田器。二千石遣令長・三老・力田及里父老善田者受田器、学耕種養苗状。……

て以て苗根に附す、故に其の詩に曰く、「或ひは芸り或ひは耔ひ、黍稷儗儗たり。」と。芸、除草なり。耔、根に附すなり。言ふこころは苗稍く壮たりて、耨る毎に輒ち根に附せば、盛暑の比ひ、隴尽きて根深く、風と旱りに能ふ。故に儗儗として盛んなり。其の耕耘下種田器は、皆便巧有り。率として十二夫は田一井一屋為り、故に畮として五頃。耦犂二牛三人を用ふ、一歳之収常に縵田を過ぐること畮ごとに一斛以上、善き者は之に倍す。過は田つくることを太常・三輔に教へしめ、大農は工巧奴を置きて與に従事し、為に田器を作らしむ。二千石、令長・三老・力田及び里の父老の善く田つくる者を遣し田器を受けしめ、耕種養苗の状を学ばしむ。……

武帝の末年、武帝はあちこちへの外征策を後悔し、丞相（田千秋）に富民侯という称号を与え

最初の年に、ミゾに撒いた種が芽吹いた段階。畝には、アルカリ分が積まれている。

2年目は、前年作物が生育した場所の隣にミゾを掘る。

代田法のウネ立て示意図

て詔を下した、「今の急務は、農業に努めることだ」と。

という文章で始まるこの一段に描写されている農法を、一般に「代田法」と呼びます。この農法は、捜粟都尉という農業関係の次官級役職に任命された趙過という人物が考案したものでした。代田法という言葉の意味は、「一畝の土地に幅も深さも一尺（約二三センチ）の三本のミゾを掘り、年ごとに、ミゾの場所を代える。だから代田と呼ぶ」と、説明されています。

このミゾに種を撒き、芽が出て畝の高さ程度になると、雑草を除去しつつ、苗の根元に畝の土を順次かけて行きます。夏になれば、畝はなくなり、苗の根は地中深くなるので、風にも日照りにも耐え得るようになるのです。

下手な絵で恐縮ですが、およそ上図のような形になると思われます。

代田法の特徴は、このような整地法のみではありません。食貨志は、「耕起したり種を撒いたりする道具は、どれも便利な工夫がされていた」と述べ、耦犂というスキ（犂）を使い、そのスキ

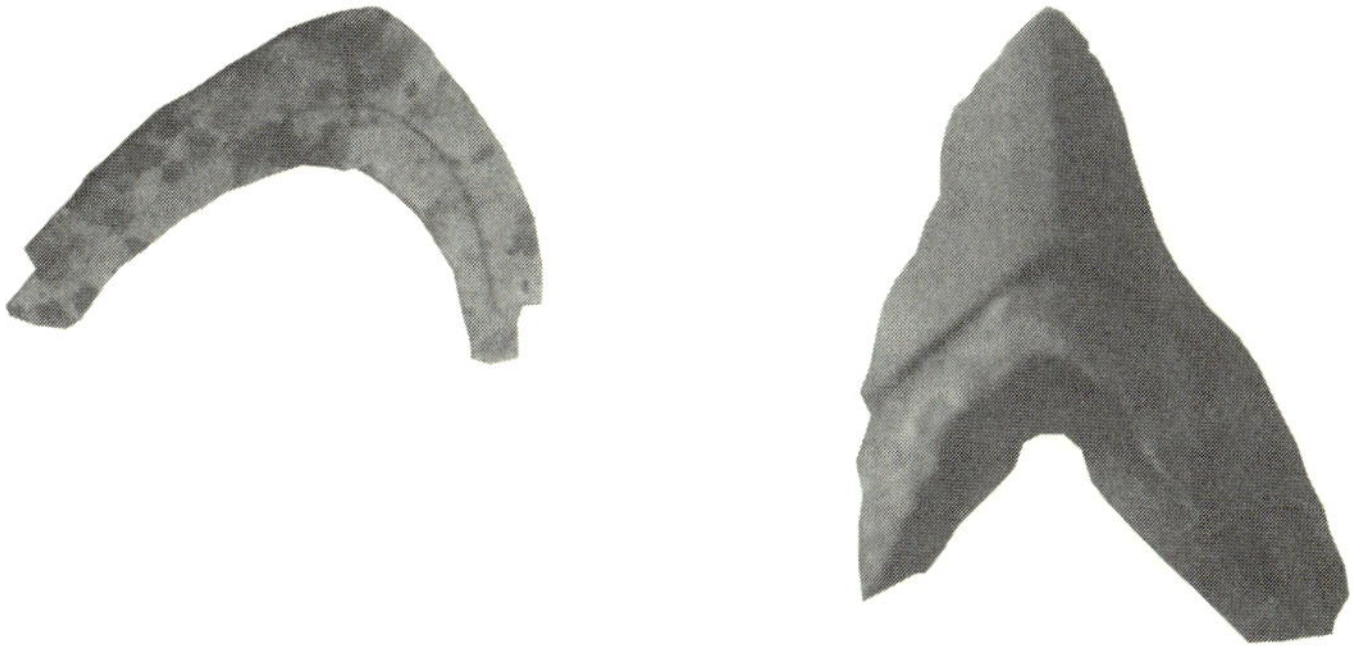

右：陝西省出土の大型スキサキ（鏵）とそこにかぶせたスキベラ（鐴）
左：スキサキ（「犁冠」）

は二頭の牛で引き、三人で作業する、と書いています。

これが具体的にどういう道具をどのように扱うかについて諸説あったのですが、六〇年代に陝西省各地でとても大きなスキサキと、スキ起こした時、土を両側に返す菱形のスキベラとが発掘され、これが用いられて、牛耕でも畝立てが可能になったことは、ほぼ確実になりました。耦犂に関して私は、第四話で触れた耦耕と呼ばれた手作業の農法で、耕起の後、ただちにタネを撒き、土壌を粉々に砕いて種に被せる「耰（ゆう）」作業と同様の作業を、牛耕のスピードに合わせて行い得るよう、これも陝西省各地で発掘された、耬犂（ろうり）と呼ばれる先端に穴の空いた犂をセットにして作業したのだ、と考えています。

いずれにせよこの農法は、精密な畝立てと、緻密に神経を使う除草作業を必要とする、大変な労働集約的農法でした。こういう農業のやり方を国家が指示し、これに必要な農具も国家の工場で製作して各地に配布したのだとも記されています。精神的に大変な労力を必要とする農法こそ、東アジア農業の特徴をなす、「精耕細作（せいこうさいさく）」の農業です。これを、明らかに国家が主導した「代田法」の事例は、この後の中国の環境に、大きな意味を持ったのです。

白渠の記載の意義

こう見てくると、白渠の灌漑は、多額な財政支出を投与しながら、実効が上がらないどころか、被害を発生させた、典型的な「お上の公共事業」だったと思われます。

もっとも、古代の大規模工事については、例えば、「エジプトのピラミッド建設は、貧しい人々に賃金を与えるための公共事業だった」という説が、近年唱えられているようです。こういう発想は、古代中国にもないわけではなく、春秋時代の斉で、このような賃金支払いのための土木工事を企画した、という説話が、『晏子春秋（あんししゅんじゅう）』という書物に見えます。

とはいえ、その事業が、環境を悪化させてしまった場合は、「公共事業だから許される」というものでもありますまい。やはり、失敗は失敗と認めるべきだったと思われますが、史書は、そういう記述を残していません。だから、失敗の原因は科学的に追究されえず、その後二千年経っても、再生アルカリ化の悲劇が繰り返されたのです。

しかしながら、この失敗があってこそ、その後の中国農業を持続可能なものにさせた、畜力を利用しつつ手作業の除草を行うという「精耕細作」農業の基本形態――代田法を、創造できたのです。

環境に負荷を及ぼすような公共事業は、やってしまった後、どうその失敗を生かすかの知恵の発揮の仕方こそ、重要なのではないでしょうか。

参考文献

西山武一『アジア的農法と農業社会』(東京大学出版会、一九六九年)
熊代幸雄『比較農法論』(御茶の水書房、一九六九年)
天野元之助『中国農業史研究』増補版(御茶の水書房、一九七九年)
西嶋定生『中国古代の社会と経済』(東京大学出版会、一九八一年)

第十話　〝帰順〟匈奴のベンチャービジネス
――漢代の「ペットボトル」と大狩猟イベント――

古代中国の携帯容器

ペットボトルのポイ捨て対応やリサイクルが、環境問題の一部として話題になっていますね。しばらく前まで存在していなかったものが生活必需品になり、それを扱う暮しのルール――やがて習俗になってゆく事柄――は、まだ確立できていないという事なのでしょう。ペットボトルなんてなかった時代、私たちは何を使っていたでしょうか。少し前まではプラスティックやアルミの水筒、古くは壷や甕で蓄え、持ち運びには竹筒やヒョウタンなどが使われていましたね。ヒョウタンは、軒先などに棚を作っておいでのご家庭もありましたが、タケもヒョウタンも日本人にとっては普通「藪」、つまり、あまり手を掛けない土地の所産のイメージでしょう。

しかしながら、中国では早くも漢代、タケやヒョウタンは、「商品作物」になっていました。司馬遷『史記』貨殖列伝には、千戸の封邑（ほうゆう）を与えられた諸侯にも匹敵する富者として、渭水（いすい）盆地の長安近郊や四川盆地で「千畝の竹やぶ」を経営する人が挙がり、竹ざお一万斛（一斛は、約三四リットル）を取引する人は、「千乗の家」つまり馬車（戦車）千台を指揮する将軍に等しい収入がある、と記されています。

が、このタケ、武帝期以降、華北の寒冷化・乾燥化の進行につれて、長安周辺での生育はやがて困難になったようです。となれば、もう一つの携帯用容器・ヒョウタンの需要は高まったと思われます。

『氾勝之書』の農法

後魏・賈思勰が著した『斉民要術』という農書には、それ以前の農業関係文献が多数引用されて残っていますが、その一つに、前漢・宣帝（劉詢、在位紀元前九一―四九年）の頃、議郎と言う皇帝の秘書官のような職務に就いた、氾勝之という人物の著書『氾勝之書』があります。氾勝之について班固は、三輔（京兆尹・左馮翊・右扶鳳の三地区。長安周辺の首都圏に相当する地域）に耕作を教え、農業に関心のあるものは師と仰いだとも記します。池田温氏が敦煌文書（西域の敦煌から出土した戸籍など一連の文書）を分析なさって、氾氏一族は西域にかかわる人々であったことを考証しておいでです。

データ欄

I『氾勝之書』逸文　粟区種法

上農夫、区、方深各六寸、間相去九寸。一畝三千七百区。一日作千区。区、種粟二十粒、美糞一升、合土和之。畝用種二升。秋収、区別三升粟、畝収百斛。丁男長女治十畝、十畝収千石。歳食三十六石、支二十六年。

I『氾勝之書（はんしょうしのしょ）』逸文　粟区種法（ぞくくしゅほう）

上農夫は、区するに、方（はう）・深（しん）各（おのおの）の六寸、間は相去（あいさ）ること九寸にす。一畝（ぽ）は三千七百区。一日に千区を作る。区ごとに、粟（ぞく）二十粒を種ゑ、美糞一升（びふんいっしょう）、土と合して之を和す。畝ごとに種二升を用ふ。秋収には、区別に三升の粟、畝ごとに百斛（こく）を収めん。丁男長女十畝を治むれば、十畝に千石を収めん。歳（とし）ごとに食することと三十六石ならば、二十六年を支へん。

今日、諸書に引用されて残る『氾勝之書』には、「区種」「区田法」などと呼ばれる特殊な農業技術が記されています。これは、狭い土地で多収穫を上げるため、耕地全体は耕さず種子を蒔く穴だけを掘り、そこにたくさんの肥料（おそらく家畜糞でしょう）を投じる方法です。穴の大きさや間隔は作物によって異なるのですが、データ欄に挙げたアワの場合、六寸（一寸は約二・三センチ）穴を九寸おきに作れば、夫婦二人で十畝（約四六・二アール）を経営して一年で千石（漢代まで石は、一斛を意味する量詞としての用字が普通）、およそ二十六年分の食料を収穫できる、というのですから驚きます。

そして、ヒョウタンの栽培法もこの書に見えます。「区種」でなく、普通栽培法の部分を挙げました。

データ欄

II『氾勝之書』逸文　種瓠法

以三月耕良田十畝。作区、方深一尺。以杵築之、令可居沢。相去一歩、区種四実。蚕矢一斗、与土糞合、澆之、水二升。所乾処、復澆之。

著三実、以馬箠敲其心、勿令蔓延——多実、実細。以藁薦其下、無令親土多瘡瘢。度可作瓢、以手摩其実、従蔕到底、去其毛——不復長、

II『氾勝之書』逸文　種瓠法

三月を以て良田十畝を耕す。区を作ること、方深一尺。杵を以て之を築し、沢に居るべからしむ。相ひ去ること一歩、区ごとに四実を種う。蚕矢一斗、土糞と合し、之に澆すること、水二升。乾く所の処、復た之を澆す。

三実を著くれば、馬箠を以て其の心を敲き、蔓延せしむることなかれ——実多ければ、実細し。藁を以て其の下に薦き、土に親づけて瘡瘢を多からしむなかれ。作るべき瓢を度り、手を以て其の実を摩し、

且厚。八月下、収取。……中略……一本三実、一区十二実。一畝得二千八百八十実。十畝凡得五万七千六百瓢。瓢直十銭、並直五十七万六千文。用蚕矢二百石、牛耕、功力、直二万六千文、余有五十五万。肥豬明燭利在其外。

蔕より底に到るまで、其の毛を去る——復た長からず、且つ厚し。八月下、収取す。……中略……一本三実なれば、一区に十二実。一畝に二千八百八十実を得ん。十畝に凡そ五万七千六百瓢を得ん。瓢は直十銭、並べて直五十七万六千文なり。蚕矢二百石、牛耕、功力を用ふれば、直二万六千文、余は五十五万有り。猪を肥やし燭を明るくするの利は其の外に在り。

このように、ヒョウタンでも、やはりたくさんの肥料を使うのですが、ここでは特に「蚕矢一升」と限定されています。「蚕矢」とは、養蚕の過程で出る廃棄物——カイコの糞・抜け殻・クワの葉の食べ残しや小枝、カイコを飼っていたゴザの古くなったもの、などなどです。そして、これが、明確に購入肥料として記録されていることに驚かされます。同時に、耕牛の賃貸や、農業労働の賃仕事があったこともわかります。が、ヒョウタン栽培を試みる人の側については、ウシ——少なくとも犂（スキ）をつけて耕作に使えるウシ——は所持していない場合が想定され、でも、人手を雇うことは想定されています。ヒョウタンを売却する際の利益計算まで示されていますが、経営面積は先のアワの区種法同様十畝なのですから、「大土地所有者」に向けての記述ではないようです。

こんな特殊な農業は、なぜ、そして誰のために、開発されたのでしょう。

漢代の宮中では、現代人の想像以上に、進んだ実験的農業が行われ、たとえば、ニラや葵という野菜（実態は今日不明。サラダ菜の類という説が有力）など、青菜を真冬に温室を作って栽培していたこともわかっています。宗廟などへのお供えのために開発されたようです。が、ヒョウタンとなれば、これは主には食品でないでしょう。データ欄では省略した部分に、容器にするための乾燥法なども記されていますから、記されている価格――十銭は容器として市場に出す場合のものと思われます。一つ一つの実の表面に生えた毛を、畑にある時から手でしごいて除く、などという作業は、乾燥しやすくし、すべすべした容器としての商品価値を高めるものでしょう。ヒョウタンは、今日の日本では、趣味のみやげ物かカンピョウの材料くらいにしかなりませんが、前述したように、その実を刳り抜いて乾燥させ外側に艶を出して加工したひさごは容器として、半分に割って柄を付けたものは柄杓として、生活必需品でした。富裕者なら、青銅などの金属器や陶磁器を使ったかもしれない用途にも、十銭のひさごが間に合いました。さらに省略部分の記述によれば、ひさごを作るために刳り抜く中綿の中から種を選び出して油を取り、オガラなどに浸み込ませて松明のような灯火に使いますし、さらに残りはブタのえさにする、という、とても有用な作物でした。です

ヒョウタン
（写真：アマナイメージズ）

から利益計算の末尾で、五十五万文の売却利益以外にも、ブタが肥えたり明るい灯火が得られるといった利得があるのだ、と記されているわけです。つまり、栽培の目的は、これを売却して収入を得るためで、購入するのもおそらく一般の民衆でしょう。

『氾勝之書』には、ヒョウタンのほか、穀物では、イネ・キビ・冬コムギ・春コムギ・オオムギ、ヒエ、アサ、ダイズ、アズキ、などが挙がり、シソや「苜宿」（＝クローバー〔！〕）に関するものも見えます。また、この書の研究者としても著名な農業史学者・石声漢氏は、この農法が施行されたのは、傾斜の急な山間地・丘陵地だったのではないか、と推定しておいでで、その通りだと思われます。が、あまり市場から離れた山岳地帯では輸送が大変ですから、アワのような主食になる穀物はともかく、一つ十銭のひさご栽培は利益になりますまい。古代世界有数の巨大都市・長安近郊で行われる農業が想定されていると見るのが自然でしょう。

つまり、想定しうる栽培者は、こうなります。多くの文献では、標準的な耕作面積を百畝としている漢代以前の社会にあって、十畝程度しかない狭い土地の経営で生活をまかなう必要があり、夫婦以外の働き手に乏しく、ただ、働き手を賃雇いする元手は持っていて、耕牛は保有していなくても肥料源となる家畜は飼育している（アワなどヒョウタン以外の作物の栽培法で、単に「美糞」とされている肥料の使用量を計算してみますと、ウシで換算して最低三頭以上を飼育していないと一年間で溜めることのできない量なのです。ヒツジやトリ・ブタではさらに多くの保有頭数が必要です）、さらに、ひさごを大量に売り出せる長安市場近くの傾斜地などに住む、そういう人々に向かって『氾勝之書』は書かれていたことになります。しかも、お役人・氾勝之の執筆ですから、国家的勧農策とのかかわりも考えねばなりますまい。

匈奴と漢の関係

データ欄

Ⅲ『漢書』揚雄伝・下
明年、上将大誇胡人以多禽獣、秋、命右扶風発民入南山、西自褒斜、東至弘農、南敺漢中、張羅罔罝罘、捕熊羆豪豬虎豹狖玃狐菟麋鹿、載以檻車、輸長楊射熊館。以罔為周阹、従［縦］禽獣其中、令胡人手搏之、自

Ⅲ『漢書』揚雄伝・下
明年、上（成帝）将に大いに胡人に誇るに禽獣多きを以ってせんとし、秋、右扶風に命じて民を発して南山に入らしめ、西は褒斜より東は弘農に至るまで、南は漢中に敺り、羅罔罝罘を張り、熊羆豪豬虎豹狖玃狐菟麋鹿を捕へ、載するに檻車を以ってし、長楊（宮の）射熊館に輸せしむ。罔を以って周阹と為し、

取其獲。上親臨観焉。是時、農民不得収斂。

禽獣を其中に縦ちて胡人をして之を手搏し、自ら其の獲を取らしむ。上、親しく臨みて焉を観る。是の時、農民収斂するを得ず。

武帝期、衛青や霍去病の活躍、司馬遷の知己・李陵の悲劇などを織り混ぜつつ、漢は匈奴を「撃退」した、なんて、印象をお持ちの方は少なくないと思います。

が、実はこれ、後世の史料が暗黙のうちに帯びていた、漢を主軸に据えて歴史展開を見る傾向に、相当、影響された印象のようです。

栗原朋信氏を初めとして、近年、匈奴と漢の関係を客観的に見直す研究が進み、少なくとも、劉邦が白頭山で冒頓単于に包囲されて以降の漢は、毎年おびただしい酒・絹・穀物等々を匈奴に提供して兄事する（つまり匈奴が兄、漢が弟として付き合うということで、漢は匈奴の「属国」だった、との見解もあります）ことで、ようやく安定した約百年を過ごした、との認識が広がってきています。

この状況に大きな変化を生じたのが、武帝期であったことは確かです。衛青、霍去病、李広利といった著名な将軍たちが、次々に大軍を率いて出撃し、個々の戦闘においては、何千人、何万人もの匈奴を討ち、牛馬家畜を捕獲した、と漢側の史料は伝えます。が、一般に認識されているほど、「戦勝」によって、匈奴を滅ぼした、といえるかどうかはいささか疑問です。というのも、『史記』

や『漢書』でさえ、匈奴帝国の瓦解の原因を、漢の戦争勝利によるものとは記していないからです。遊牧民社会の結合・構造は、一般に領土を画定して官僚を派遣する、といったものではなく、いわば人間集団と人間集団とのネットワークが全てである場合が多かったようで、カリスマ的指導者による統率、あるいは、利害関係に基づく人的結合、といったものが消滅すると、広い地域の支配権を確立することは困難になるようなのですが……。

匈奴の場合、現実問題としてその勢力を弱めたものは、第一に、寒冷化だったと考えられます。前一〇五年の烏維単于逝去に伴い、翌年跡を継いだ年若い単于は、「児単于」などと呼ばれたようで諸集団を上手くまとめられず、その様子を見て取った武帝は、因杅将軍・公孫敖に命じて居延の北に受降城を築かせます。ところが、この年は大雪が降り、匈奴の人々に不安が広がるとともに、大量の家畜が飢え死にしました。また、昭帝没後の混乱期を経て宣帝が即位したばかりの頃になると、漢から公室の女性を妻に迎えていた烏孫の活動が活発化し、匈奴と敵対します。これに対して前七一年、烏孫への反撃を試みた匈奴は、老人子供を捕虜にして帰る途中大雪に見舞われ、人も家畜も凍死して、一割も帰還できませんでした。そこへ、烏孫と、それまでは匈奴に服属していた烏桓、および丁零も揃って攻撃をかけ、数万人が殺されます。さらに餓死者は人口の三割・家畜の五割に上り、漢も三千人ほどを捕虜にしています。これ以後、匈奴は衰弱し、諸部族・諸国の連携は瓦解していった、と、記述されているのです。

藁街の住人たち

前七一年の抗争につけ込んで、漢が匈奴を捕虜にした、と述べましたが、実は、いくつかの匈奴集団の人々が漢に服属することになったのは、これが初めてではありません。たび重なる戦争によって、多くの人々が亡くなりましたが、大勢の胡人——匈奴（と、いちおう史料は伝えますが、その後の展開に照らすと、羌族など他の人間集団も混じっていた可能性は大です）で、〝帰順〟（漢の「徳を慕って」その民になりにきた、という解釈の下にこう表現されることが多いのですが、実は…）した人々も相当な数に上っているのです。早くは武帝期の前一一九年、昆邪王が投降した際には、四万人ないし十万人を伴ったようで、移住した匈奴は、北方の五つの郡——隴西・北地・上郡・朔方・雲中——の黄河以南に居住させせました。この時、漢の地に住むことになった人のうちに、のち武帝に見いだされ、やがて高位に上った金日磾などもいます。

このような、匈奴の中でも上層の人々は（例えば宣帝の頃、呼韓邪単于の下で左伊秩訾だった者が千余人を率いて降った場合、漢は彼を二十等爵の最上位・関内侯にして、食邑（領地のように、その住人の収穫物からの徴収を許された場所）三百戸と王の印綬とを与えていますが）、長安にあったとされる藁街という一角に、烏孫や楼蘭・車師など他の西域諸地域（オアシス都市など）から来た人々ともども纏まった居住スペースを与えられたようです。「藁街」は、後世の文学などで一種の外国人居留地を表現する語句となっています。

こういう、戦略的に意味のある「胡人」に対しては、一種のデモンストレーションまで催されたようです。

元延三（前一〇）年（『資治通鑑』による。『漢書』成帝紀・揚雄伝等との間に紀年の矛盾があるようで、しばらく胡三省注に引く『通鑑考異』に従う）、長安の西方（右扶風）にある離宮・長楊宮の射熊館で「胡人」に対して漢には野生動物も豊富だ、と自慢するパーティーが開かれました。西は南山の両側の谷間である褒谷・斜谷から東は弘農郡にいたるまで、いたるところに網を張って野獣を捕獲した、という記事が残るのです。秦嶺の北麓なら今日でも森林は残っていますが、弘農郡となると、現在では宜川県付近に多少雑木林が見られる程度で、とてもクマやヒグマ、イノシシやトラ、ヒョウに狢にテナガザル、キツネ・菟にナレジカやシカ、といった多種多様な動物が普通に生息できる環境ではありません。いいえ、この時ですら、おそらく長安付近に、もはや離宮以外の森林は残存せず、このため捉えた野獣を檻に入れて運ばなければならなかったのだと思われます。実際には、「豊富」でなくなっていたから、国家権力をもってかような一大狩猟事業を行なう必要があったのでしょう。

この頃、匈奴では、王昭君を娶っていた呼韓邪単于が建始二（前三一）年に死去した後、彼の四人の息子たちが、相次いで単于になっていました。パーティの年は、三人目の息子で、呼韓邪単于が一番のお気に入りだったらしい且莫車が単于だった時期に当たります。つまり王昭君の義理の息子の時代ということになります。使者の往来も頻繁だったようです。班固は、このイベント開催の動機を、「漢にも豊かな動物資源はある」と自慢するため、と書いていますが、本当に狩猟に出かけるのではなく、捕えてきた猛獣を素手で摑まえる、などという遊びで、その目的が果たせたかどうか疑問です。むしろ、野獣との格闘で獲物を獲得させ、長安暮らしに退屈してきた滞在「胡人」のストレス発散を狙ったと見るべきかもしれません。一般の農民は収穫も不順な年であるというのに、こんなイベントを催してまで歓心を買う必要があったのなら、その場合の「胡人」は、当時、匈奴牽制のためにも匈奴以上に重要な外交相手で、狩猟民としての性格が強かった烏孫が、主な「お客様」だったかもしれません。

　ただし、誤解していただきたくないのは、この時代を限りに、関中から森林や野獣が根絶やしになったわけではない、という点です。後漢では都が洛陽に遷り、関中では羌族や氐（てい）族が活発に活動します。五胡十六国の時代、関中を支配したのは、氐族が立てた前秦でしたが、その二代目の王・苻生の時代、晋の永和十二（紀元三五六）年、潼関（どうかん）から長安一帯（つまり秦嶺の山岳地帯ではなく渭水付近の平野部）にトラが出没し、家畜は食べず人間ばかり襲って七百人以上が殺されたという記録があります。こういうトラの出没自体、森林を舞台にした食物連鎖が上手く機能していないことを物語るものではありません（上田信氏の著書をご参照下さい）が、それにしても野獣が戻っているわけです。人口の減少、農耕地の縮小があれば回復した森林もあったでしょう。狩猟民が減れば、捕獲される個体も減り、結果として野獣が増殖することもあり、ただ、その増殖によって今度は、野獣どうしのえさの取り合いが発生して個体数の減少に向かうという事態も起こりえます。この記録が、どのような局面を語っているのかは定かでありませんが、自然環境の「悪化」は、程度次第とはいえ、回復可能な場合もあるのです。

さて、このイベントが開催された時点は、漢と匈奴の関係が、やがて王莽の高飛車な抑圧策に翻弄され始める直前の、いわば最後の和親期でした。だからこそ、漢の側が、もはや漢では日常の行事とはなしえなくなっている狩猟イベントを組む、という、いわば非漢文化への幅広い理解ないし歩み寄りを示す、または、若干「迎合」してみせる、そんな雰囲気があったのではないかと思われます。

多肥料農業の経営者

しかしながら、〝帰順〟した匈奴その他の西域・北方の人々の中で、こういう「特別待遇」のおもてなしをされた人は、むろん、一部であったと考えられます。

三輔の人口は、京兆尹：六十八万二千四百五十八人、左馮翊：九十一万七千八百二十二人、右扶風：八十三万六千七十人の合計二百四十三万六千三百五十人とされ、長安の人口は、その約一割の二十四万人とされていますから、首都圏農村部のみでは、約二百万人強の人口だったかと思われます。連年のように、何万、何千と流入する人口に対して提供できる土地は限られていたはずです。中には奴隷になった人も大勢いたでしょう。事実、前漢も末になりますと、これだけおびただしい戦費を使って撃破したのだから捕えた胡人などはすべて奴隷にすべきだ、といった上奏も見られます。実際、武帝期には、全国で一千万人の奴隷が申告されており、むろんその中には中原の民で、犯罪に連座したり貧困から身売りした人も多くいたはずですが、平帝元始二（紀元二）年の全人口が約六千万人ですから（奴隷は普通含まれません）、匈奴や羌族などで、漢に「流入」した人々も含まれていた可能性はあります。

が、実際には、先の上奏は取り上げられず、定住地が用意されました。かなりの人々が、上述した昆邪王投降の際の匈奴同様、指定された居住地での生活を方向づけられたようです。そして、このような匈奴の将軍らに伴われて〝帰順〟した人たち以外に、寒冷化に伴ない牧畜ができなくなって、彷徨ったあげく長城を越えた人々がどれほどいたのか、記録には見えませんが、想像に難くありません。

さて、では最初にあげた『氾勝之書』の農法をもう一度考えてみましょう。

〝極めて狭い土地しか保有せず、小家族で多数の家畜だけは持っているが、ともかく日銭は欲しく、耕作技術や養蚕技術などにはあまり精通していない存在〟として流入してきた匈奴など、牧畜民を想定するのが、自然であろうと考えます。漢の支配者は、そのような人々を受け入れ、かつ、

「大田穀作主義」を中心とする中国の生活様式によって統治する責務がある、と考えていたでしょう。むろん、「徳を慕」って〝帰順〟してきたきたはずの彼らに、「夷狄の風俗」たる牧畜は続けさせられません。現実問題として、今日でも牧畜で生活してゆくためには、数家族を一単位として移動するのだそうですが、それぞれの家族ごとの住居（パオなど）を設営する場所は二十キロ程度離れていないと、家畜を育てられないのだそうです。そういうゆとりは三輔にはありません。

氾勝之が、西周以来の農民だって居たはずの三輔で農業技術を指導せねばならなかったのは、そこに流入した農業に不慣れな人々が、多数いたからではないでしょうか。西域の人々と縁のある彼なら、匈奴たちの定住策の考案を担当し、牧畜をやめて農業社会で暮らしてゆく道として、まずは、手持ちの家畜を利用する、経済作物栽培を中心とした農法を考案したと見るのも不自然ではありますまい。

むろん、従来からの農民で貧困にあえいでいた人も大勢居たのですが、そういう人々は、苦しくなれば真っ先に家畜など売り払ったはずです。大量の肥料を使う農業など、到底無理でした。

事実、一九五〇年代、いわゆる大躍進の頃、『氾勝之書』農法の区種法の実験が陝西省北部で試みられ、実験の成果としては、確かに高収穫が得られたとの報告があります。ところが、実際に一般農民への普及は不可能でした。これほど、多量な肥料は、まかなえなかったからです。

ただ、この多肥料投下という方法以外の面で、『氾勝之書』に見られる農法的特長——結局は、ものすごい労働集約農法、ということになりますが——は、以後の農業の発展にも、大きな影響を及ぼしてゆきました。

ヒョウタンで稼ぐ、という発想

先に見た『史記』貨殖列伝で、大面積に作付けすれば高収入が得られる、とされている作物には、タケのほか、ナツメ・クリ・タチバナなどの果樹、ヒサギのような高級用材、工芸品材料であるウルシ、衣料品原料のクワ・アサ、染料になるクチナシやアカネ、そして、都市近郊農業に限れば穀物やショウガ・ニラといった蔬菜が挙がっています。でも、そこにヒョウタンは見られません。

『氾勝之書』がヒョウタン栽培を薦めているのは、冒頭に述べたように、司馬遷の時代よりも進行した寒冷化によって、タケの発育が悪化したことに負う部分が多いとは思います。が、次第に泥の河が増加傾向をみせていたこの頃、不慣れな土地では移動時の飲み水入手が難しくなります。液体を携帯する容器の有用性を熟知し、実際の栽培に手を出してみようと決意したのは、従来からの農耕民よりも、皮袋に水や酒を入れてゆく移動生活に慣れていた、遊牧民からの農業参入者だったのではないでしょうか。

井戸や泉・河川など、水源近くに常時住むのが当たり前の農耕民ではなく、沙漠や荒野の移動を数知れず経験してきた遊牧民が、家畜の減少で作りづらくなった皮袋に替えて漢代の「ペットボトル開発」で一儲けでき、暮しの安定を得られたのだったら、ちょっと嬉しいナと思うのです。

参考文献

池田温「敦煌氾氏家伝残簡について」(『東方学』第二四号、一九六二年)
杉山正明『遊牧民から見た世界史―民族も国境もこえて』(日本経済新聞社、一九九七年)
上田信『トラが語る中国史―エコロジカル・ヒストリーの可能性』(山川出版社、二〇〇二年)

第十一話　海と女と酒と「叛乱」
——王莽（おうもう）・新の税制と環境——

海が支えた日本の農業

日本列島は、周囲を海に囲まれています。そのことの意味に、私たちの多くは日頃、あまり注意を払っていないかもしれません。でも、これ、実は地球上でもかなり稀な、とても幸せなことだと思います。「カナヅチだし、潮風気持ち悪いし、お魚キライだもの、別に……」なんてお思いの向きがあるかもしれません。でも、お魚嫌いの方なら、ご飯やパン、肉類、野菜などは余計に召し上がりますね。そのうちご飯、つまりイネですが、実は、日本の食料自給率を辛うじて支えている稲作は、イワシや貝、アラメなどの海草類、といった海の所産によって何百年も支えられてきたのです。これらは、人が食料として摂取するだけでなく、限られた土地で連作を続ければやがて収穫率の落ちてゆく穀物生産を継続するのに不可欠な、肥料として使われてきました。貝塚を残した縄文人以来、基本的に牧畜をしないで、主たる蛋白質源は海産物だったのですから、人糞尿だってエコロジカルに考えれば日本では海の所産です。つまり、二千年来稲作をしてきた日本で、肥料源は、まず海から採集するものだったといえましょう（ハマチやエビなどの養殖技術の発展によって、海産物を人為的に生産できるようになったのは、ここ数十年のことですから）。江戸時代の人口増を支えた新田開発は干鰯（ほしか）など「金肥」（購入肥料）があって可能だったと、古島敏雄氏らが早くから明らかにしておいでです。それに、穀物を「主食」にすると、どうしても必要になる塩――栄養学的にいえばミネラルですが――は、日本ではほぼ百パーセント海の塩で安価でした。

雨に恵まれ樹木の多い日本列島では、枯れ葉など森林の所産も、確かに肥料として重要でした。でも、その雨も、太陽に熱せられた海からの水蒸気が日本列島にもたらす季節の多いこと、ご存じですね。

が、海から遠い内陸部の面積が広い中国では、こういう海に依存した食料摂取や穀物生産の余地は、かなり限られていました。むろん、魚介類を食べなかったわけではありません。今日でも魚料理は、祝い膳などのご馳走とされます。『詩経』で魚は、恋愛を暗喩するモチーフとして登場するようですし、春秋戦国時代の斉で、国君に納入するため魚を満載した車が、道路を塞ぐほどたくさん到着する様子など、近年出土した『銀雀山晏子』（ぎんじゃくざんあんし）にも生き生きと記されています。

が、海岸線から千キロも離れた長安で海産物を入手するのは、漢帝国皇帝といえども容易ではなかったようなのです。

データ欄

I『漢書』食貨志

故御史属徐宮、家在東萊、言往年加海租、魚不出。長老皆言武帝時県官嘗自漁、海魚不出、後復予民、魚乃出。夫陰陽之感、物類相応、万事尽然。……

I『漢書』食貨志

故の御史の属・徐宮、家は東萊に在り。往年海租を加ふれば、魚出でず、と言ふ。長老皆言ふ、武帝の時県官嘗て自ら漁するも、海魚を出さず、後復た民に予ふれば、魚乃ち出づ、と。夫れ陰陽の感、物類相応ず、万事尽く然り、……

海の男のサボタージュ

データIは、『漢書』食貨志に見える、宣帝の五鳳年間（紀元前五七―五四）の記事です。当時の大司農（財務大臣のような官僚が統括する役所です）の中丞（次官級の役人）・耿寿昌が、後に常平倉（貧民救済の名目で設けられた備蓄倉庫）設置に繋がってゆく穀物の価格調整策を進言した際に、「海租」を三倍にするよう上奏しました。宣帝はこれに従ったのですが、これに対して、時の御史大夫・蕭望之が上奏した反論が、掲げた部分です。大意は、

「以前御史大夫の属僚であった徐宮という者の家は東萊（山東半島中部、渤海湾沿い）に在ります

が、その者の申しますには、往年、海租を増額したところ、魚が水揚げ・流通されなくなったそうです。長老が皆言うには、武帝の時、県に置かれた政府の役所自体が漁業を経営した際にも、海は魚を出してくれず、後に復た民に漁業権を戻したところ、魚はすぐ出てくるようになったとのこと。そもそも陰陽の感というものがあり、物・類は相応ずるのでして、万事は尽く然るものなのでございます。……」といった内容です。税の話のはずが、陰陽がどうの、物類相応ずだの、妙なレトリックですね。

が、まず、ここから漢帝国においては海産物に対して税が掛けられ、時に国家からの徴収が強化される場合もあったとわかります。この海租、つまり海の所産にかける税については、すでに加藤繁氏以来いろいろと言及されていて、近年では山田勝芳氏が検討を加えておいでですが、山田氏も指摘される通り、生産量の十分の一を申告納税するものだったようです。これは狩猟や牧畜に従事するものと同様でした。この逸話が示す沿海部漁民の動向からは、武帝期および宣帝期の官からの収奪強化に対して、漁民が抵抗した様子を窺うことができます。後に述べるように、宣帝の頃の山東では、龔遂という役人が農業振興策を採ったことが喧伝されていますが、その施策対象となった「末技を好む斉の民」には、このような漁民出身者も相当数含まれていたと思われます。漁業を含む狩猟採集経済は、相対的に自由な経済活動であり、操業の自由もあれば、自然条件次第で「飢え死にする自由」もあったわけです。土地から離れられない農耕民とは異なり、国家の規制を容易に受け容れる性格のものではありません。いくら役人が、魚を供出せよ、と命じても、船を出して一日中昼寝し、「今日は水揚げがございませんでした。どうも、海神様のご機嫌を損じましたようで……」とでも言えばそれまでです。つまり、サボタージュは、極めて合理的にやれます。それでは、と、役人自ら下役に命じて釣ろうとしたって、素人が、そうそう思うように獲れるものでもありますまい（後漢初めの西域では、役人が釣りをさせた記録も出土していますが）。大変な熟練技術が必要ですし、「板子一枚下は地獄」の大海原に命を掛けて漕ぎ出して、ようやく手にする魚です。それを、海の男に「陛下、どうぞ」と差し出させるには、その心に響く何かが、権力の側にも必要だったのではないでしょうか。

蕭望之が、陰陽説に事寄せて説こうとしたのは、その辺りの「呼吸」が大切なのだということで、それを当時の用語・概念によって説明する一方法だったと思われます。

ところが、こういう機微を全くわきまえない人物が、国家権力の中枢を握る事態が起こった時には、海浜地区にも大変な混乱が発生したようです。

王莽の新規税制

始建国二（紀元後八）年、新を建て皇帝となった王莽は、その前年に発表した王田制に続いて、新しい財政政策を発表しました。一般に、六筦制（ろくかんせい）と呼ばれている新規課税です。どうも、それまで必ずしも捕捉されていなかった業種からも、確実に徴税しようという意図だったように思われます。有力外戚・王氏のお坊ちゃまクンで育った（もっとも一族の中では比較的冷や飯食いだったようですが）王莽は、学んだ『周礼』などの古典に見える理想的世界を実現させよう、という誇大妄想狂的、というか、頭でっかちというか、まあ、はた迷惑な人物だったようです。娘を平帝の皇后にし、着々と実権を握ってめでたく政権簒奪に成功し、念願どおり『周礼』を根拠に実施した政策の一つがこの六筦制ですが、その一部らしい『周礼』を根拠にしたという新規課税の細目がデータIIです。

データ欄

II『漢書』食貨志

又以周官税民。…諸取衆物鳥獣魚鼈百虫於山林水沢及畜牧者、嬪婦桑蚕織紝紡績補縫、工匠医巫卜祝及它方技、商販賈人坐肆列里区謁舎、皆各自占所為於其在所之県官、除其本、計其利、十一分之、

II『漢書』食貨志

又周官を以て民に税す。…諸ろの衆物鳥獣魚鼈百虫を山林水沢に取るもの及び畜牧する者、嬪婦の桑蚕織紝紡績補縫するもの、工匠医巫卜祝及び它の方技、商販賈人の肆列里区謁舎に坐すもの、皆各の自ら為す所を其の在る所の県官に占し、其の本を除き、其の利を計り、これを十一に分ちて其の一を以て貢と為せ。

而以其一為貢。敢不自占、自占不以実者、尽没入所采取、而作県官一歳。

敢へて自ら占せざるものと、自ら占するに実を以てせざる者は、尽く采取する所を没入して県官に作すること一歳とす。

手工業者・医者・呪い師や占い師・商人それに女性の衣料品生産専従者と並んで、狩猟・漁労・牧畜を営む者に、毎年の収穫・収入から、元手を差し引いた残りの一割を申告して貢納せよ、申告しなかったり虚偽の申告をしたら、収穫物を没収して各県に置かれた政府の役所で一年間労役させる、というものです。

こういう制度ができる以前、すなわち前節で見た宣帝のころの海産物への課税は、集落単位（あるいは部族単位）のドンブリ勘定だった可能性が高い、と思うのですが、この新規税制は当然個々人にかかってきたのでしょう。何人かの共同作業でようやく獲物が得られることも多い漁業や狩猟の場合、個人単位で課税されても困ったことでしょう。漁業の場合、「元手を差し引け」といわれても、何をどう計算すればよかったのか、船や網や釣り針を作るのに必要だった費用でしょうか。原価償却なんて概念がなかった時代、それはどう認めてもらえたのでしょう。山には森林が残っていた山東付近なら、自分たちで木を切り出して船を作った場合、どう計算できたでしょう。輸送船などを財産とみなして、武帝期以降課税されるようになった算緡銭（さんびんせん）の例（第十二話参照）もあります。船の材料費など計上しても、「それはお前の財産で、この魚を仕入れる「元手」ではない」と突っぱねられたかもしれません。おそらく、そんな計算上のつじつまなど無視して、役人が欲しいと思う量だけ水揚げを取り上げられたのではないでしょうか。一部しか納めなかったり、あるいは、本当に水揚げのない日だったりしたら、役人の気に入らない人物の場合、「不実な申告だ」として投獄され、労役刑に処せられたかもしれないのです。

囂々（ごうごう）たる非難を浴びて、王莽が滅びる前年の地皇三（紀元後二二）年、こういうむちゃな税制は廃止されます。が、そこに至るまで、多くの犠牲者が、海でも生まれたと思われます。

さて、このような六筦制の一つとして発表されながら、何らかの事情で実施が一年遅れたらしい課税対象品に、酒があります。ところが、酒への規制は、とんだ副産物をもたらすことになったといわれています。

「海に入る」呂母たち

天鳳四（紀元後十七）年、琅邪（ろうや）郡海曲（かいきょく）県（現在の山東省日照市）で叛乱が発生し、県令が殺されました。叛乱軍のリーダーは、呂母（りょぼ）と呼ばれた女性で、県宰（けんさい）（漢の県令。王莽はさまざまな官職名や地名を、自らの理念に従って次々に変更しました）の首を、わが子の墓に供えて祭ったというのです。

データ欄

III『漢書』王莽伝 下

……琅邪女子呂母亦起。初、呂母子為県吏。為宰所冤殺。母散家財、以酤酒買兵弩、陰厚貧窮少年、得百余人。遂攻海曲県、殺其宰以祭子墓。引兵入海、其衆浸多、後皆万数。莽遣使者即赦盗賊、還言「盗賊解、輒復合。問其故、皆曰、愁法禁煩苛、不得挙手。力作所得、不足以給貢税。閉門自守、又坐鄰伍鋳銭挟銅、姦吏因以愁民。民窮、悉起為盗賊」。莽大怒、免之。

III『漢書』王莽伝 下

……琅邪(らうや)の女子呂母(りよぼ)も亦(ま)た起つ。初め呂母の子県吏(けんり)為(た)り。宰(さい)の為に冤殺(ゑんさつ)せらる。母家財を散じ以て酒を酤(う)りて兵弩(へいど)を買ひ、陰(ひそ)かに貧窮の少年に厚くして百余人を得。遂に海曲県を攻め、其の宰を殺して以て子の墓に祭る。兵を引きて海に入り、其の衆(しう)浸(おか)すこと多く、後(の)ち皆万もて数ふ。莽(まう)使者を遣(つかは)し即(すなは)ち盗賊を赦(ゆる)す。還(かへ)りて言はく「盗賊解(と)くるも、輒(たちま)ち復(ま)た合(がふ)す。其の故を問ふに、皆曰く、法禁の煩苛(はんか)なるを愁(うれ)ひ、挙手(きよしゆ)するを得ず。力作して得る所、以て貢税を給するに足らず。門を閉じて自ら守るも又鄰伍(りんご)の鋳銭挟銅(ちうせんけふどう)に座し、姦吏(かんり)因(よ)りて以て民を愁(やま)しむ。民窮まり悉(ことごと)く起ちて盗賊と為る」と。莽大いに怒り、之を免ず。

呂母の息子は、もと、海曲県の下級役人でしたが、県令のために冤罪で殺されました。これを怒り嘆いた呂母は、家財を投じて武器を購入する傍ら酒を売り、貧しい食い詰め者の「少年」にこっそり何かと手厚く面倒を見てやりまして、百人以上の集団を作り上げ、この叛乱を準備したのです。日照市東港区の経済開発区奎山街道（旧五蓮県奎山郷）崮河崖村には、挙兵に当たって呂母が登り、率いた男たちに号令を掛けたといわれる岩——呂母崮——が、六十年代まで残っていたそうです（耕地造成のために掘り出されて砕かれ、今はその岩のあった場所が巨大な窪地として残り、畑にな

上：呂母崮を掘り出したとされる窪地
下：呂母崮遺跡保存のため河道を湾曲させた崮子河

っています。近年では、歴史的遺産として、この岩跡を保存しようと、傍を流れる崮子河の河道改修に際し二十メートルも河道を湾曲させたとか。周辺にも大岩がいくつも転がっていました。写真参照）。命令一下、件の役所を攻撃し、望みどおり、県令を血祭りに上げた、という次第でした。

注目したいのは、その後の動静です。本懐を遂げると、一団は「海に入った」というのです。むろん、竜宮城に行ったわけでも潜水艦があったわけでもありません。にもかかわらず「其の衆浸すこと多し」というのは（一般には「浸(ようや)く」と読まれていますが）、中央の規制が届きにくい沿海部の僻地や島嶼部で略奪などを働く一方、沿海部や島では影響を受けて仲間になる者も多かったという意味だろう、と思います（ちなみに海曲県は山東半島の西南部に位置し黄海に面していますが、小さな岬ごとに幾つもの湾に分かれ、湾の内外に多くの島が点在しています。）そして、その結果、何万人もの大集団に膨れ上がった、というのです。呂母は挙兵の翌（天鳳五）年、病没しますが、残った集団は、海曲県の隣・莒県(きょけん)（現在日照市莒県）で起った樊崇(はんすう)の叛乱に参加したようです。これが、のち赤眉(せきび)の乱と呼ばれる、王莽政権を壊滅させた大反乱の幕開けでした。

呂母の乱、およびこれに引き続いて発生する赤眉や緑林(りょくりん)の乱については、すでにさまざまな研究があります。多くの方が、呂母の家は元来、酒の醸造が家業だったのではないか、と推定しておいでです。そして、息子が罪を被せられたのも、六筦制の一部として実施された酒の販売規制が関係していたと推定されています。それは確かに充分ありうることで、おそらくその通りでしょう。

また、これらの叛乱について、当時、王莽の登場によって混乱した政治情勢の下、地方の行政組織に緩みが生じ、農民が疲弊したため家を離れて流民となるものが多く、彼らが中心となった「農民反乱」である、という理解も普及しています。これも大筋としては、そういう傾向を認めうるかもしれません。

呂母が立ち上がった琅邪郡海曲県の西隣、県城までは約百キロほど離れた東海郡、現在の江蘇省連雲港市下東海県温泉鎮尹湾村から一九九三年六基の漢墓が発見、発掘されました。そのうち、漢成帝元延三（紀元前一〇）年以降の埋葬とされる六号墓（M六）からは二、三枚の木牘（もくとく）が出土し、一般に「尹湾漢墓出土木牘」と呼んでいます。その中の一枚「集簿（しゅうぼ）」に、「口百卌九萬七千三百卌三、其四萬二千七百五十二、獲流（かくる）（総人口は百三十九万七三四三人で、うち四万二七五二人は流民を捕獲したもの）」という文字が見え、当時の役所が実際に「流民」の人口把握につとめ、これらの非定住民を定住化させるべく腐心していたことは確認できます。

が、これらの「流民」が、果たして農業からの脱落人口なのかどうかは、断言できないように思うのです。

この頃、史書には例年のように、地震・日食・流星などの記載が見え、社会不安を煽っていた様子が窺われます。建始四（紀元前二九）年には、秋に大水があり、黄河は東郡の金隄（きんてい）で決壊します。以後三年、洪水が繰り返されて大災害となり、多くの流民が発生しました。関中でもしばしば洪水が起こっています。また、陽朔三（紀元前二二）年夏、潁川の鉄官（国営の鉄工所）で徒が反乱を起こして、周辺の九郡に席巻してもいます。鉄官での叛乱は、紀元前十四年にも山陽郡で起こっており、東海郡にも鉄官が置かれていますから、何らかの影響が及んだかもしれません。前漢末には、社会全体の趨勢として、自然災害の記録が多く残ります。確かに、「流民」の発生源には事欠かなかった、ともいえましょう。

ただ、呂母の乱だけでなく、王莽期に起こった叛乱の中には、他にも女性をリーダーとするものがあり、社会不安の到来を叫ぶ女子が現れたことを「狂女」が出たと書き残している例もいくつか見えます。となると、突然課税されることになった衣料品生産専従の女性たちが立ち上がった可能性はないでしょうか。「狂女」は「巫女（まじない師の類）」ではないか、という指摘もあります。

が、呂母の場合、何より場所が海曲県で、「海に入る」ことで、爆発的に仲間が増える人々を組織できたことを重視せねばなりますまい。

「海辺」の色々

戦国斉の領域だった一帯は、漢代以降も、非農耕民の存在が目立つ地域です。

宣帝の時代、循吏（儒学の徳目に合致した活動をした官吏として、班固が選んだ人々）として名を馳せ、七十歳にもなっていた龔遂という人物がいました。渤海郡周辺で盗賊が頻発しているという状況の下、盗賊鎮圧を主目的とする長官にするなら適任、と丞相や御史に推挙されました。そこで、皇帝直々に渤海太守への着任を命ぜられたのです。『漢書』循吏伝によれば、彼の渤海での事績は、最終的には勧農策ですが、手始めは民衆の武装解除でした。郡に到着するや否や「クワなどの農具を持っていれば良民と認定し、役人は一切とがめだてするな。武器を持っている者は皆、盗賊と見做す」というお触れを出したのです。これで「盗賊」は収まったといいます。そして、「末技を好む（農耕を好まない、という意味）斉の民」に、刀や剣を売ってウシやコウシを買わせます。そして一人当たりニレの木一本と、ニンニクやネギ・ニラの作付けを義務化します。これで農業生産が盛んになり、郡内は豊かになって訴訟沙汰までなくなった、と記録は伝えます。

渤海郡の役所のある位置は、山東半島より少し北になりますが、やはり海——こちらは渤海湾ですが——に近いところです。農具を持っていない人が、それほど大勢だった、ということは、黄河の下流にあって安定的耕地に乏しかったからかもしれませんが、海に依拠して生活が可能だったからではないかと思うのです。何も「盗賊」になるために武器を入手した人ばかりではなく、本来農具を持たずに、狩猟や漁労で暮らしていた人が多かったのではないでしょうか。彼らにとって、弓矢や山刀、銛（もり）などは生産用具・生活必需品だったはずです。もう中原では少なくなった狩猟採集民や、戦国の燕・斉以来の伝統的鉄工業に従事する人々（海に近ければ第八話で見たような「イモ」の産地でなくても、食べ物は入手できますから、鉱山業にも適しているわけです）で、漢朝に従いたくない人々の行動が「盗賊」と見做されたのではないかと思われます。だから、龔遂が奨励した作物も、砂地で育つニンニク、手入れの要らないニラなのでしょう。カツオなどお魚の付け合わせ・ツマとしても、結構ですしね。潮州料理の盛り付けを思い出してみて下さい。ニレの花や若葉は卵とじにするととてもおいしいのです。海浜の植樹が沿海漁業に重要なのは、今日のエコロジーの常識ですが、『管子』にもすでに言及がありますから、ニレの植樹は「末技を好む民」にも受け入れやすかったかもしれません。穀物生産の苦労に耐えられないと思われる人々に、定着農耕への道をたどらせる取っ掛かりとしては、なかなか考えられた政策を、龔遂は実施したのだと思われます。

日照市の磯

呂母に従った人々――「少年」も、多くは龔遂着任前の渤海郡にいたような、こんな「海の男」たちだったのではないでしょうか。

ただ、渤海郡と海曲県（現在の日照市）との違いは、海そのものにあると思われます。渤海郡の海浜は、多くの地点で黄河その他の河川が運んでくる土砂が溜まってできた沖積地になります。

　これに対して海曲県は、山東半島の骨格をなす石灰岩や花崗岩・片麻岩などの岩体が、直接海に接している場所です。ですから、浜は磯、ないしは海曲県の東隣・青島（チンタオ）市の海水浴場まで点々と続く白い砂浜になり、日照市の劉家湾などは潮干狩りで賑わいます。陸地も山地で、現在の日照市の耕地面積は、総面積の三割程度ですが、イネ・コムギ・ラッカセイなどが取れるほか、華北最大の緑茶の産地で竹林もあり、果物の産地です（ですから酒材料には事欠きません）。何より岩盤の山には、岩の割れ目に根を張る樹木が生い茂り、中国有数のおいしいミネラルウォーターの産地・労山を代表格として、岩の割れ目から清水が湧き出しています。前述した島々のうち、観光地になっている桃花島という海中の島にさえ、神水泉という淡水の泉が湧くのです。美味しいお酒は、確かに地場のもので造れたでしょう。そんな山清水を源とする澄んだ小河川の流入が、海曲県の沿岸一帯を、汽水域を含め、酸素が豊富で透明な海にしています（一八六ページ写真）。

　磯浜の収穫は豊富で、今日、各種の魚類およびイカ・タコ・エビ・カニ等のほか、鮑、サザエ、マテガイや「西施舌（せいしぜつ）」とい

西施舌（手前）

う何ともなまめかしい名で呼ばれる貝類が、特産品として有名です。総人口二百八十万のうち、漁業人口が十一万五千とか。現在行政区域として日照市の域内に入る島や岩礁は三十三あり、うち大きなものは平山島・達山島・東牛山島の三つですが、陸路で百キロ程度の青島市の区域には、さらに多くの島があることは、いうまでもありません。これらの島の周辺にも、岩礁が広がっていて、たとえば桃花島と陸の間の浅瀬はエビの養殖場になっています。つまり、海曲県の海は、潜水漁業の営める海なのです。

呂母の出自

となると、呂母についても、酒屋の女将になる以前の暮らしが気になりませんか。

以下は、全くの想像ですが（資料的根拠がないので）、呂母が酒屋ないし醸造業も営む地主や豪族の家付き娘だったとは思われません。

前近代の社会的活動で、女性が中心になる例は比較的記録に乏しく、その少数の例は、しばしば前述した女性のシャーマン的・巫女的性格に帰せられて解釈されます。

が、バリバリの生産の現場で、圧倒的に女性が優位にたつ仕事、それは海女の仕事です。男性に比べ女性の方が長く息を留めていられ、持久力に富むのだそうですが、素もぐりで深い海からアワビや伊勢えびを手づかみにしてくる日本の海女の仕事は、大変な技です。個人差もむろんあるようですし、穴場を覚える熟練・経験も必要でしょう。これに引き換え海女のご亭主は、命綱を持って船の上でボーッとしているだけです。収入は海女の技量によって左右されるのです。だから日本の場合、海女のいる漁村では、女性の発言権は前近代社会の中では突出していました。もっとも今日、日照市の貝類漁法は、網を仕掛けるか、船上から銛で突くのが主流のようですが……。

第五話で述べましたが、山東は、班固が指摘するように、元来、女性が生産活動に従事し、重んじられる傾向にあった地域のようではあります。が、大岩の上に決然と立って、百人からの「少年」に命懸けの反体制行動を決意させる演説ができた呂母は、こんな漁村の海女出身で、男たちに指示することに長けていたのではないでしょうか。そんな海女だった呂母が、縁あって酒屋ないし醸造業を営む豪族に嫁ぎ、悲劇の息子を生んで、絶望的戦いに挑んだのではないか、と思うのです。

参考文献

加藤繁『支那経済史考証』上下（東洋文庫、一九五二～五三年）
山田勝芳『秦漢財政収入の研究』（汲古書院、一九九三年）
東晋次『王莽――儒家の理想に憑かれた男――』（白帝社、二〇〇三年）

第十二話　戦国男の夢実現(?!)

――漢代シルクロードを支えた「内助の功」――

孟子の理想社会

功成り名遂げた方のお祝いパーティーなどで、「これもひとえに奥様の内助の功あったればこそ、ではないかと……」なんて、お愛想の挨拶をなさる方がありますね。「内助の功」という言葉、一時に比べれば、かなり聞かなくなったとはいえ、まだ「死語」というわけでもなさそうです。「男は仕事、女は家事」といった家庭内分業を「日本古来の伝統」なんておっしゃる向きも、時にあるようですが、本当にそうでしょうか。

男女別の役割分担を提唱した文献は、中国古典にも数多いのですが、最も古いものの一つが、データ欄に示した『孟子』の一節でしょう。『孟子』の中に、お年寄りをどう扶養するかについて述べる、同巧異曲の話は二か所あるのですが、ここでは、男女の別に言及している「尽心(じんしん)　上」のものを引いてみます。

データ欄

I『孟子』尽心 上

五畝之宅、樹牆下以桑、匹婦蚕之、則老者足以衣帛矣。五母鶏・二母彘、無失其時、老者足以無失肉矣。百畝之田、匹夫耕之、八口之家足以無飢矣。所謂西伯善養老者、制其田里、教之樹畜、導其妻子、使養其老。五十非帛不煖、七十非肉不飽。不煖不飽、謂之凍餒。文王之民無凍餒之老者、此之謂也。

I『孟子』尽心 上

五畝の宅、牆下に樹うるに桑を以てし、匹婦之に蚕すれば、則ち老者以て帛を衣るに足らん。五母鶏・二母彘、其の時を失ふこと無ければ、老者以て肉を失ふこと無きに足らん。百畝の田、匹夫之を耕せば、八口の家以て飢うること無きに足らん。いはゆる西伯の善く老を養ふとは、其の田里を制し、之に樹畜を教へ、其の妻子を導き、其の老を養はしめしなり。五十なるもの帛に非ざれば煖かからず、七十なるもの肉に非ざれば飽かず。煖かからず飽かざる、之を凍餒と謂ふ。文王の民に凍餒の老無しとは、此れをこれ謂ふなり。

ざっとの意味は次のようになります。

五畝ばかりの小さな宅で、牆の下にクワを樹え、女性一人がそれでカイコを飼うようにすれば、老いた者は帛を衣ることができよう。五羽の牝鶏と二頭の牝彘を飼って、繁殖の時を失しないようにすれば、老いた者が肉を食べられないことは無くなろう。百畝の耕地があって、男性一人がこれを耕すようになれば、八人家族の家で飢えることはなくなるだろう。

いわゆる、西伯（周の文王）が老人に善くした、というのは、（人々に）土地や住居を整備し、樹（穀物や樹木を植えること）や畜（家畜を飼育すること）を教え、妻子を導いて、老人を養わせたのだ。五十歳の者は帛でなければ煖かくなく、七十歳の者は肉でなければ満腹しない。煖かくなく、満腹しないことを凍餒と謂う。文王の民に凍餒の老人が無かった、とは、此のようなことを謂うのだ。

ここに記されているのは、周の文王の政治がこうであった、という、戦国人士にとっての「歴史物語」です。伝説によれば、周の武王が殷を滅ぼすことができたのは、その父、文王が「徳」を積んでいたから、とされ、さまざまな逸話もありますが、この「尽心　上」の記載が史実だという証拠はありません。戦国期に各地の諸侯の下を遊説した人々――いわゆる諸子百家は、自分の理想とする政策を説くにあたって、その策の権威を高めようと、文王や周公、あるいはそれ以前の尭や舜など伝説上の帝王が採用した策なのだ、と仮託する傾向がありました。ですから、この話もむしろ、現実には飢え凍える老人があふれる状況を目のあたりにしていた孟軻が、それを解決する方法として、昔語りに事寄せ、家庭内分業を考案し主張した可能性が高いのです。ですから、この『孟子』の記載を当時の社会実態の記録のように扱う理解は、必ずしも正確ではありません。

　第五話でもちょっと触れたように、『孟子』の主人公、孟軻は鄒（現在の山東省。魯の国都だった曲阜の南方）に生まれたとされ、紀元前三四〇年頃から三〇〇年頃まで、梁（魏の別名。孟軻が訪れた頃は、現在の河南省開封付近にあった大梁が国都だったらしい）、斉、滕、魯などを歴訪して政策を説いたようです。彼が梁（魏）を訪れる百年ほど前、文侯（在位：紀元前四二四―三八七年頃）の時代、魏には、富国強兵を目指して国政改革に取り組んだ李悝という人物がいたとされ、彼の説と伝わる「尽地力之教」という政策のプラン（データII）が『漢書』の食貨志に残っています。そこでは、男性一人が耕す穀物生産地を、『孟子』同様百畝と仮定しています。ところが、農民の標準的な家族を五人と設定し、年間の穀物消費量など家計支出を計算する際、衣類は購入するものと考えているのです。

データ欄

II『漢書』食貨志・尽地力之教

是時、李悝為魏文侯作尽地力之教。以為地方百里、提封九万頃。

II『漢書』食貨志・地力を尽くすの教

この時、李悝、魏の文侯の為に地力を尽くすの教を作る。以為、地、方百里、提封九万頃たり。山沢邑居

> 除山沢邑居参分去一、為田六百万畝。治田勤謹則畝益三升、不勤則損亦如之。…今一夫挟五口、治田百畝、歳收畝一石半、為粟百五十石。除十一之税十五石、余百三十五石。食、人月一石半、五人終歳為粟九十石、余有四十五石。石三十、為銭千三百五十。除社閭嘗新春秋之祠用銭三百、余千五十。衣、人率用銭三百、五人終歳用千五百、不足四百五十。不幸疾病死喪之費、及上賦斂、又未与此。
>
> 参分して一を去るを除けば、田は六百万畝為り。田を治むること勤め謹しめば則ち畝ごとに三升を益し、勤めざれば則ち損すること亦之の如し。…今一夫五口を挟み、田を治むること百畝、歳收は畝ごとに一石半、粟百五十石為り。十一の税の十五石を除かば、余は百三十五石。食は人ごとに月一石半、五人にして終歳粟九十石為りて余は四十五石有り。石ごとに三十（銭）ならば銭千三百五十と為りて、社閭嘗新春秋の祠に銭三百を用うるを除かば、余は千五十。衣は人ごとに率ね銭三百を用ふれば、五人の終歳にして千五百を用ひ、足らざること四百五十。不幸疾病死喪の費、及び上の賦斂は、又未だ此に与からず。

これに対して、『孟子』では、八人家族――おそらく、夫婦二人にその両親、夫か妻の兄弟姉妹一、二人、そして子供二、三人でしょう――の三世代同居を構想し、絹織物の家内供給が提唱されているわけです。このような構想が、『孟子』に見えるのは、第五話でも述べたように、斉などでは氏族的生活の中で技術伝達もしながら衣料生産が行われていて、おまけに穀物を生産する農民がたとえ結婚できたとしても、夫婦二人での穀物生産では、李悝が述べるように、食べてゆくのがやっと、という現実だったことを直視してだったと思われます。

が、こんな主張が斉で登用されるはずもなく、孟軻は、滕、魯など中原の小国政権への仕官を求めて遊説します。すでに多くの遊説家が説いている富国強兵策としての結婚奨励策に、独自の彩りを添える素材として、一般には購入物資となっていた衣料品生産に着目し、「結婚する男女が増えれば、衣料品生産をその妻に担わせられる」と構想し、提言したのでしょう。

一人用織機（王禎『農書』より）

これは当時では、夢物語でした。何より、貧しい人々には、まず結婚すること自体が大問題だったからです（戦前の日本の、農家の二、三男のことを思い出していただければ容易に理解できましょう）。

秦漢期男性の家事能力

のち、秦・始皇帝の時代の法律（睡虎地秦律）に、国家に隷属させられ強制労働させられている人々への衣料品支給規定があります。原則として、季節毎に、各人上下一揃い程度です（代金は、無論労役の対価から差引かれる計算）。ところが、例外として、妻のいるものには支給しない、とあるのです。労役など課されている人々の大部分は、妻などいなかったから、こういう規定がある、と考えられます。

が、それだけではありません。この睡虎地秦律が出土した墓群（湖北省雲夢県睡虎地にあり、秦の時代には、安陸という街に接している地点です）の第四号墓から出てきた木の板（木牘）には、手紙が書かれていたのですが、これは、驚という名の兵士が母に宛てた手紙でした。おそらく、この墓に埋葬された人の血縁者にあたる若者が書いたものと思われます。驚は、多分兄弟であろう黒夫という人物とともに、反城（はんじょう）という所を攻める陣中にいるのです。

驚は、夏を迎える季節に戦地に在って、夏用の衣服が必要だ、と母に訴えます。で、それを母が作ってくれるのなら銭といっしょに送って欲しい、と書いています。が、そのための糸と布（麻布のこと）の値段が安陸において高ければ、送らないで銭のみ送ってくれればよい、戦地で購入して黒夫が服を作るから、とも書いています。ここから、兵士ですから当然男性であるはずの黒夫に衣服を縫製する能力があったと判ります。いくら薄手で一重の夏物とはいえ、シャツとズボンに相当する衣服を男性が製作できた、とは、今日に比べて驚くべき家事能力ではないでしょうか？

そして、作るための材料は、母が作る場合でも、市場で購入していたことも判るのです。手紙の中には、さまざまな血縁者の安否を尋ねる言葉があり、その中には、年配の男性と思われる人、母より若い女性のように読み取れる人など、いろいろな立場の人の名が挙がります。おそらく母は一人暮らしではないでしょう。にもかかわらず、母は、衣料品材料を購入しに行かねばならないのが、現実だったのです。

が、さらに後になって、漢の初期、戦乱が収まって社会が安定すると、人口も増加し、既婚者が増加したようです。その頃になって、儒家思想が政治思想として勢力を伸ばし始めると、孟軻の夢は次第に現実化できる条件が整い始めます。男性の多くが穀物生産に従事するようになり、第九話で述べたように、牛犂を利用した鉄犂での耕作が普及しました。すると単位面積当たりの収穫量が増し、農民の妻に衣料品を家で作る余地が生まれたのです。それを狙った政府による絹織物の徴収も始まりました。

桑弘羊の経済政策

データ欄

III 『史記』平準書

弘羊又請令吏得入粟補官、及罪人

III 『史記』平準書

弘羊又請ひて吏に令し粟を入れて官に補すること、及

贖罪。令民能入粟甘泉各有差、以復終身、不告緡。他郡各輸急処、而諸農各致粟、山東漕益歳六百万石。一歳之中、太倉、甘泉倉満。辺余穀諸物均輸帛五百万匹。民不益賦而天下用饒。於是弘羊賜爵左庶長、黄金再百斤焉。

び罪人の罪を贖ふことを得しむ。民に令して能く粟を甘泉に入るること各の差有れば、以て終身復し、告緡せず。他郡各の急処に輸して、諸農各の粟を致し、山東の漕、益すこと歳に六百万石。一歳の中、太倉、甘泉の倉満つ。辺の余穀と諸物と均輸の帛は五百万匹。民は賦を益さずして天下の用饒つ。是に於て弘羊に爵は左庶長と黄金百斤を再び賜ふ。

『史記』「平準書」の伝えるところによると、河南でヒツジ飼育に努力を重ねた結果、富裕になった卜式という人物がいました。匈奴戦で窮乏した国庫に寄付を申し出るなど、経済対策に独自のプランを持つ、不思議な人物です。武帝は、元鼎六（紀元前一一一）年、卜式を御史大夫に任じましたが、やがて塩鉄専売・均輸・平準等の流通政策を推進しようとする商人出身の官僚・桑弘羊と路線が対立し、左遷されます。専売政策などが進行し財政状況がいくらか好転して桑弘羊が受爵した頃、小規模な旱害が発生すると、卜式は「桑弘羊を釜茹での刑にすれば、雨が降るだろう」と吐き棄てたとされています。卜式と桑弘羊との確執については、影山剛氏の著書に詳しいのですが、それほど憎まれた桑弘羊の方針とは、どんなものだったのでしょう。

データIIIは、その一部を示したものですが、簡単にまとめると、対匈奴戦の戦費を賄うため、穀物を大量に納入した官吏や民に、官職の昇級や任官、あるいは一生の労役免除、財産税の非課税、といった特典を与え、これに拠って各地での穀物納入額が激増した、というものです。山東から運ばれる穀物は、年間六百万石（ここでは重量のようです）も増加し、一年で、太倉や甘泉宮の倉は満杯になりました。地方での穀物の余剰は、有名な均輸政策（一般には、各地の特産品を納めさせたもの、という説が有力ですが）によって拠出・徴収された帛――無紋の白い絹――が、五百万匹にも上った、というのです。これによって、民衆からの軍事臨時税を増額することなく、国家の必要経費が充足され、その功績によって、弘羊の爵位は第二等の左庶長にまで昇り、再度黄金百斤を賜与された、という意味です。

一年で五百万匹とはものすごい数です。中には、もと斉だった地域などの戦国以来の大織物業者で、大勢の奴婢を抱えて、一人で百匹、二百匹と納入した者もいたかもしれません。が、それは限られましょう。『漢書』「地理志　下」に残る、平帝の元始二（紀元後二）年の戸口統計では、全国の人口を五千九百五十九万四千九百七十八人とし、民の戸数を、千二百二十三万三千六十二戸としています。これは、前漢で最も盛んな勢いの時点の記録である、と班固が書いているのですから、これを遡ること百年以上前の武帝期の戸数は、当然これ以下だと思われます。仮に端数だけを切り捨てておよそ五千万人・一千万戸と見ても、一戸が帛一匹を納入し、一人当たり生産できる絹のうち、自家用を除いた余剰が平均年間一匹だったとすると、全家庭の半数が帛を納め、赤ん坊からお年寄りまでの全人口の十人に一人が絹織物生産技術を持っていたことになるのです。李悝の頃と比べれば、「農民家庭の専業主婦」が激増したことになるのではないでしょうか。

武帝期には、これ以前にも、戦費調達のために一種の財産税（算緡銭と呼ばれます）を課しました。おまけに、これについて、脱税を図った者を密告することを奨励したので、漢初以来、次第に成長してきた広域流通業者など大商人は、大打撃を蒙ったとされています。そこで、今回は財源として、下級官吏や民からの調達を試みたのでしょうが、昇進したい欲求、あるいは、労役を逃れたい願望、財産税はごめんだと思う気持ちなどが、よほど強かったのか、あるいは、意外にも農民家庭一般に、専業主婦に近い、余剰労働力を供出しうる立場の人が増えていたからか、政府としても思い掛けない増収だったようです。武帝が、大喜びで、桑弘羊に御褒美をあげた訳です。

この数値が信用できる傍証として、同じく武帝が、オルドス付近から山東の泰山・海浜まで各地を巡幸した時の記録に、途中経由した地への下賜品として、帛は百余万匹、銭や金は巨万が用いられた、とあります。皇帝が使うほうも派手だったわけですから、この程度の収入は必要だったのではないでしょうか。

が、毎年、皇帝が巡幸するわけでもありません。匈奴を始めとする対外戦争に、巨万の費用がかかったとはいえ、この後、毎年五百万匹もの絹織物収入が得られたのであれば、漢代シルクロード交易の原資となりうる絹織物が政府に集まる構造は、かくて出現したといえましょう。

精耕細作と擬似森林

が、ここで、この政策を施行された、農民の側から考えてみましょう。

第九話でも述べたように、精耕細作（せいこうさいさく）の穀物中心作は、多大な労働を必要とします。肉体のみならず、細心の注意を払うことが必要なウネタテ農法などであれば、従事する働き手は、精神もヘトヘトに疲れてしまいます。したがって、彼の労働力再生産を担う存在――妻――のいることが必須となるでしょう。一夫一婦制が農民にも普及し、耕作の技術が発展した社会状況を確認したからこそ、「妻」に対しても国家から要求を始めることができたのだと思われます。戦国時代にも、国家によって織物が徴収されるケースのあったことは「布縷（ふる）の税」などという言葉として残ってはいますが、必ずしも全ての国で実施されていたわけではないようです。

夫や子供への愛情から、製作する衣料品の一部をせっせと貯めて、夫が労役に駆り出されないために、均輸の帛として差し出した妻たちの心理から見れば、シルクロード交易などは、女性の愛情の「搾取」に思われたかもしれません。

武帝の「輪台（りんだい）の詔（みことのり）」に象徴されるこのような「農本（のうほん）」主義の成立は、男女の役割を固定化する方向に働きました。穀物生産に必要な耕作労働では、筋力に勝る男子の優位さは明らかだったからです。「博士弟子（はくしていし）」という官職の設置が暗示する、儒学的価値観の広がりがこれを加速させたと思われます。また紡織が特殊技術でなくなり、農民家庭で副業的に営みうるものになっていったことも加味され、その産物を税として差し出す名義は戸籍に戸主として登録されている男子のものですから（徴兵の必要性があるから、男女の別・年齢などは、確実に記録されていました）、女子は、毎日食べる食品を男子から与えて貰っている、という意識を植え付けられることになります。かくて、東アジア固有の男尊女卑の思想が、経済的裏付けを有して普及していった、といえましょう。

このような構造の社会は、確かに前近代アジアの史実として存在していましたし、そこで生まれた思想・習俗は、むろん、今日、負の遺産とみるべきでしょう。

が、実は、このシステムの中にも、環境史的には、中国の沙漠化を防いだメカニズムが隠されていました。それは、絹生産の普遍化に伴うクワ栽培の普及です。穀物畑ばかりになって行く土地の広がる中に、あぜ道にであれ家屋の周囲にであれ、クワが植わっていれば裸地ではなくなります。これが、表層土壌の飛散を防ぎました。そして、第十話でも述べたように、養蚕の産業廃棄物―蚕矢（さんし）の耕地への投下は、穀物生産による地力減退から、何とか華北の大地を救ったのです。

絹はいうまでもなく、前近代屈指の「世界商品」でしたが、中国から輸出される絹の生産こそ、中国の大地を沙漠化から護ったものでもあったのです。

このような仕組みは富裕層の意識にも影響し、大弾圧を受けた商業経営に比べれば、農業投資こそが最も安全な経営だ、という考えが常識化して、しばしば「土地兼併」を非難されている「豪族」が普遍的存在になってゆきました。技術的にも鉄製農具、養蚕技術や、農耕の廃棄物・余剰で飼育可能なブタとニワトリの飼育などが普及し（つまり草原の必要な牛・羊の飼育は諦めて）、「農本」主義が単なる理想ではなく、実際の政策として現実化できる基盤が生まれていました。孟軻の夢は、実態となったのです。

絹織物生産普及の余波

豪族経営は、次第に、広大な荘園内に、穀物生産地と桑畑、養魚池、豚小屋などを集め、かつての山林藪沢の産物——自然資源からの採集経済の産物——であった必要物資を、荘園内で賄いうるような循環型生産の方向を取るようになります。そこで、広域流通の必要性は薄れてゆきました。こういう豪族経営は、表面上、穀物生産地を大面積で経営することが、その本質のように見えます。が、後漢で成立した『四民月令（しみんがちりょう）』という農書などを手がかりに豪族経営を成り立たせたメカニズムをエコロジカルな側面から探ってみると、実はその核心部分をなしたのは、豪族の婦女子のみならず奴婢にも従事させた絹織物生産だったように思われるのです。前漢時代に比べ、購入肥料としての蚕矢の記載が少なくなっているのです。荘園内で肥料が賄えたのでしょう。

また別に、思想から生まれた現実の政策が、逆に思想を強化していった、という側面も見逃せません。それは、このような生産システムの産物「穀物と絹」とに、「中華」を象徴する生活様式としての価値を付与する意識が出現したことです。すなわち、これを生産しない人々を夷狄(いてき)・野蛮と見做し侮蔑する意識が生まれ、「華夷思想」の内実が膨らんでゆきました。これは、牧畜と農耕の地域的棲み分けを主張する論拠にもなり、非農耕民への積極的攻略を説く者が利用したので、歴代の西域＝シルクロード方面への軍事的拡大を目指す論者の論拠にもなりました。絹織物生産や穀物生産を知らない〝貧しい〟者にこれを教えるのが中華の徳である、といった意識です。

農民家庭において、孟軻が理想とした「内助の功」が現実のものとなり、それがシルクロードを行く交易品を生んだのですから、漢代シルクロード交易は、戦国時代に孟軻が見た夢によって出来上がった、といえるのではないでしょうか。

長い目で見て、それがよかったのか、問題を残したのか、再考の余地があるかもしれません。

参考文献

影山剛『中国古代の商工業と専売制』(東京大学出版会、一九八四年)
重近啓樹『秦漢税役体系の研究』(汲古書院、一九九九年)
佐藤武敏『中国古代書簡集』(講談社学術文庫、二〇〇六年)

第十三話　曹操も手こずった黄河の凍結
――魏晋南北朝期の気温変化と戦法――

『三国志』の舞台は寒かった

中国史といえば『三国志』、というファンの方も多いことと思います。この本では、血湧き肉躍る合戦の描写などできなくて恐縮なのですが、実は、三国群雄割拠の形勢が成るにあたっても、環境変化と密接に関わる戦法の変化が認められるのです。

前漢・武帝期あたりから、少しずつ寒冷化傾向を見せ始めた華北の気候は、後漢になると、さらにその度合いを増し、三国時代あたりが、前後の時代の中では、相対的に最も年平均気温が低かったのではないか、と推定されます。アジア全体の動向について見れば、これが北方の遊牧民に牧畜生産の生産力低下をもたらし、続々と凍死・餓死する家畜に耐えられず、牧草を求めて、あるいは、牧畜そのものを諦めて南下する人々の群れを生んだわけです。そして、それにつれて空白になった牧畜民の支配地域を埋めるように、さらに北方にいた人々が移動する、という傾向を引き起こしたのですが、定住社会であった華北でも、さまざまな生活技術に気候変動への対応が求められるようになりました。

データ欄

I『三国志』魏書　武帝紀　建安十年
十年春正月、攻譚、破之、斬譚。誅其妻子、冀州平。……初討譚時、民亡椎冰、令不得降。頃之、亡民有詣門首者、公謂曰「聴汝則違令。殺汝則誅首。帰深自蔵、無為吏所獲。」民垂泣而去。後竟捕得。

I『三国志』魏書　武帝紀　建安十年
十年春正月、譚を攻め、之を破り、譚を斬る。其の妻子を誅し、冀州平らぐ。……初め譚を討つの時、民椎冰より亡げ、令するも降すを得ず。頃之、亡民の門首に詣る者有り、公謂ひて曰く「汝を聴さば則ち令に違ふ。汝を殺さば則ち首をも誅さん。帰りて深く自ら蔵れ、吏の獲ふる所と為る無かれ」と。民垂泣して去る。後竟ひに捕得せらる。

曹操の勢力確立

後漢末期の朝廷では、外戚と宦官の抗争が繰り返されていました。中平六（一八九）年、霊帝が没すると、十四歳の皇太子が即位しますが（少帝）、この混乱に乗じて外戚・何進は、宦官一掃を試みました。そして軍事力の後ろ盾を得ようと、并州牧（山西方面の軍政民政長官のような役職）

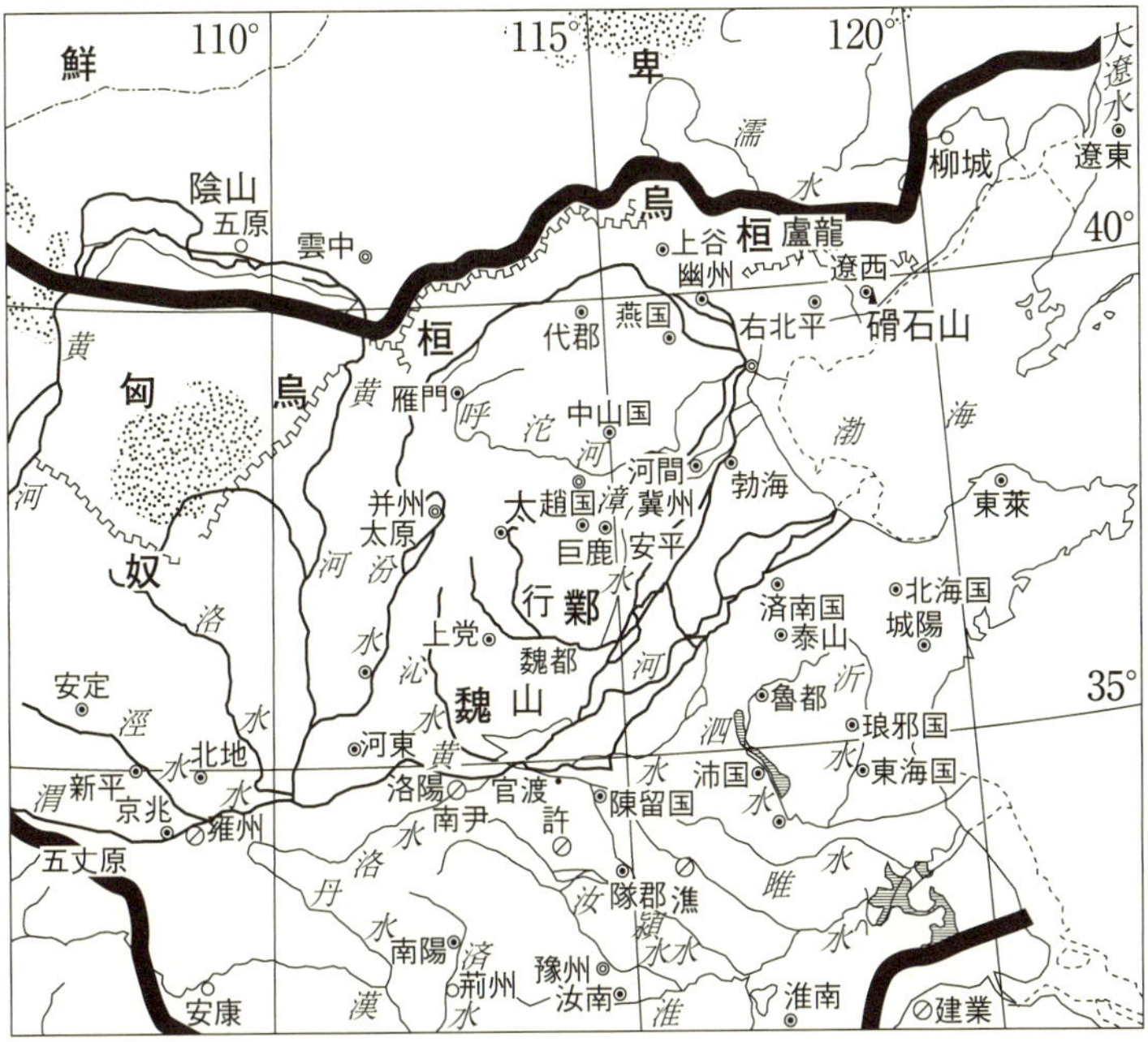

三国期の形勢概略（点線は，現在の海岸線）

であった董卓に洛陽に来るよう命じます。ところが、これが宦官たちに知れて何進が殺されましたから、対抗して禁衛軍を率いていた袁紹たちが宦官勢力を皆殺しにし、混乱を恐れて少帝とその弟で九歳の陳留王たちは宮殿から逃げ出します。その直後、到着した董卓は、軍事力によって洛陽を制圧し、泣いているばかりの少帝に比べて事件の顛末を董卓に上手く説明できた陳留王を擁立しようと企てます。それを知った袁紹たちは東方・冀州に逃れ、やがて渤海に至りました。董卓はこれを懐柔しようと渤海太守に任じたりし、その折、驍騎校尉に任じられたのが、ご存じ・曹操です。が、翌・初平元（一九〇）年、反董卓の軍が、黄巾の叛乱軍対策のため組織され始めていた自衛的軍団を中心に、袁紹を盟主として各地で挙がり、その中に董卓に見切りをつけた曹操の軍団もありました。董卓は献帝（先の陳留王）らを連れて翌年長安に移りますが、一九二年、かねて怨みを抱いていた配下の呂布に殺されます。この後、呂布は袁紹の従兄弟・袁術に投じますが、以後、匈奴の勢力や黄巾軍からの投降者なども各軍団が吸収する一方、諸方で黄巾軍との戦いも続き、それぞれが同盟・離反を繰り返す混乱状態に入ります。そのような中央政治の動向が進展していた段階で、すでに、現在の北京の辺りには、烏桓や鮮卑が居住し、郡や県の移動、管轄範囲の縮小も進行していました。

一九五年、匈奴や羌であふれかえる長安から献帝は脱出し、許に居た曹操がこれを迎えます。漢の皇帝庇護という大義名分を得た曹操は、建安五（二〇〇）年、これもよく知られた官渡の戦いで袁紹を破りました。落胆した袁紹が、七年五月、喀血して病没すると、袁紹の子供達を中心とするその残存勢力の一掃に取り掛かります。やがて、袁紹没後の一時は、自らの娘を嫁がせて懐柔を図ったりもした袁紹の息子・袁譚を、追い詰める戦いが始まりました。

黄河凍結

建安九（二〇四）年冬十月、曹操は鄴に居た袁譚を囲んで闘い、逃げた譚を追って黄河に臨みます。が、この時、黄河は凍結し、船を進めることができません。おそらく現地で徴発したのでしょう、民に「椎氷（ついひょう）（黄河の氷割り）」という労役を課そうとします。ところが、徴発された民は極寒の河に入って氷を割るなどという椎氷の仕事をさせられるのを嫌がって逃げ出してしまい、命令しても実行されなくなりました。しばらく立ち往生です。ところが数日経つと、逃亡した民の中で、陣営の門の前をうろついている者がいます。曹操は言いました。「お前を許すと、それは軍令違反になる。が、殺したら、お前を管理していた者をも罰せざるをえなくなる。とっとと家に帰ってこっそり隠れていろ。役人に捕まらないようにしろよ」と。民は感激して泣きながら帰ってゆきました。後に結局捕まったようですが……。やがて、建安十（二〇五）年春、袁譚は滅ぼされ、妻子も殺されたのです。

このエピソードは、おそらく、曹操の「人情に厚い人柄」を褒めるために採用されたのでは、と思われますが、別の観点からは、河川の凍結という自然現象に、曹操が慣れていなかったことを推定させます。漢代まで、黄河が凍結したという記録は見当たりません。ですから、曹操も、凍結など想像もせず冬期の進軍でも河は船で渡るものと思っていたのでしょう。

この推定は、十二年に、袁氏一族と結んだ、東北方の烏桓勢力を討とうと渤海湾沿いを進軍したときのエピソードからも確かめられます。渤海郡から漁陽郡・右北平（うほくへい）（現在の北京近く）にかけて黄河以北の沿海部は、漳水（しょうすい）をはじめ呼沱河（こだが）・滄水（そうすい）・大遼水などの大河とその支流の河口が密集し、当時は湿地の多いところでした。このため曹操は、わざわざ平虜渠・泉州渠の二渠を掘削して、輸送経路を確保したほどです。ここでも、湿地の進軍は船、という意識が働いています。他方、南方では、劉備の勢力が許に攻め込もうと構えていました。長く本拠地・許を空けるべきではない、と進言され、わざわざ重装備を置いて、烏桓攻略戦は始まりました。土地の事情に明るい者として、田疇という人物とも気脈を通じて幕下に来させます。田疇は、もと右北平の役人で漢朝に忠義を尽くし、遼東半島の巨魁・公孫度集団にも加わらず、また袁紹からの招聘にも応じないで山中に籠り、自立的なコミュニティを作って暮らしていました。かくて曹操は、万全の体制をとったつもりだったと思われます。

ところが、夏、雨の降る季節です。海沿いの道はどこも大変なぬかるみで通れません。辛うじて通れそうなルートの要衝はすべて烏桓や匈奴の見張りが厳重です。田疇が進言するには、「この道は、夏から秋にかけて必ず水に浸かり、浅くも車馬は通れず、深くても船を浮かべることはできません。昔の北平郡の役所が平岡にあった時の街道は、盧龍から柳城にぬけるものでした。いったん盧龍まで戻って、光武帝の頃以来長らく使われていない山中の旧道を行くほうがよろしいでしょう」というのです。結局、少し引き返し、田疇の配下の人手を動員して山を削り谷を埋める大工事をし、徐無山から白狼山に向かう山道を作って進軍するのですが、海沿いの道から引き返すに際し、大木を看板にして立て「今は夏で暑いから道路が通じない。秋冬を待って、再び参るぞ！」と書かせたのだそうです。

このことから、烏桓など北方の人々は、凍結した道や平原を通るのが一般的だったのではないかと思われます。地球全体が温暖期にあっても、冬期には氷原を超えて進まざるを得ない状況にしばしば見舞われる地域の人々にとっては、氷の上を馬で駆けることも、普通に修得された技術だったのではないでしょうか。これを田疇のような北方の習俗に明るい人々から聞いて、彼らを威圧しようと、あるいは攻撃時期を遅く推定させようと、こういう立て札を残したものと思われます。しかしながら、現実問題として、当時の曹操たちの兵法では、大軍の移動に車や軍船を用いないで、騎馬で行軍することは考えられなかったのでしょう。

寒くなって移動した人々

ですから、ファンの多い『三国志演義』に描かれた「三国鼎立（ていりつ）」の状況から、曹操が最終的に抜け出したように見えるのも、実のところ、曹操の軍団には「寒さに慣れた人々」が多く参加したことがポイントだったように思われます。

第十話で見たように、南匈奴の中には、後漢の支配領域に移住してきた人数も多く、後漢末のオルドス附近はほぼ独立国の様相を呈していたようです。後漢王朝は、彼らにも黄巾の叛乱に対応すべく救援を求めました。が、山西に落ち着いた匈奴に、もはや昔日の剽悍（ひょうかん）さは失われ、単于の権威も縮小していたようで、やがて曹操は、彼らを五部に分かち、并州刺史兼使匈奴中郎将の監督下において、自己の軍団に組み入れたのです。

単于の息子であった劉豹は、左部帥となりましたが、曹操の死後、曹丕が後漢の皇帝に「禅譲劇」を演じさせて建てた魏が司馬氏の晋に奪われると、劉豹の子・劉淵は晋の都・洛陽で人質同然の監視下に置かれました。が、やがて起こった八王の乱に乗じて、管理されていた成都王の下を離れ、大単于の位に就いて「漢」を立てたのです。いわゆる「五胡十六国時代」の幕開けでした。

劉淵が「劉氏」であるのは、単于の妻は漢初以来、漢の皇帝の親族で、中国風にいえば「劉氏」だ、という自覚あってのことです。「漢」を立てたのも、後漢滅亡後鼎立した三国の支配者、曹操・孫権・劉備よりも、ましてその魏を奪った司馬氏よりも、単于にして漢の公主の子である自分こそが、本来の「漢」の後継者だ、と劉淵が考えたからだ、と、川勝義雄氏や杉山正明氏は述べておいでです。劉淵が成都王の下を離れられたのは、漢族の実力者・王俊が鮮卑族と連合して晋に反したからで、以前は匈奴の支配下にあった鮮卑族を、「匈奴の軍を率いれば制圧できる」、と成都王を説得したからだそうです。

このように、三国鼎立時代もその後の晋の時代も、さまざまな非定着農耕民が、それぞれの時代の政治動向に関係し、彼らが自立する可能性もまた常に潜在していたと見るべきでしょう。

漢代にいわゆる「農本」主義が採用された（第十二話参照）ことによって、元来の華北の住人であった牧畜民や狩猟・採集民、投降した匈奴らの相当数は農耕民化していた（第十話参照）と思われます。曹操の経済政策としては、呉との境界付近を中心に設置した、という屯田策が有名ですが、これとて、一般に認められている、黄巾軍の残党など土地を失った「農民」への対策という側面のほかに、寒くなって南下してきた、元来「農業」が主産業でなかった人々を、軍団に組みこんだことへの対応、という側面も考慮できるのでは、と思います。しかし、農耕継続の条件が、更なる寒冷化によって失われれば、再び離農することも充分ありえます。いえ、戦国以降の華北において合理的だった「穀物と絹」を基本とする生活様式自体が、華北の多くの地域で継続困難に陥った側面も見逃せないのです。

気温変化が変えた暮らし

『氾勝之書』以降も、中国では、しばしば優れた農書が生まれました。後魏（鮮卑族支配下）の『斉民要術』や、元代（モンゴル族支配下）の王禎『農書』などです。第十話でも触れた『斉民要術』は、それ以前に執筆された多くの農書を引用していて、その内容を比較検討すれば、気候変動に対応した人々の暮らしの変化を探ることも可能です。穀物生産には、気温変化によって適する作物が変わる場合もありますが、人類はなかなか優秀で、変化に対応した品種改良なども進行したようです。『斉民要術』に見える、アワやイネの多くの品種名がこれを窺わせます。

が、「絹」の方は、やはり厳寒向きでなかったのかもしれません。

『斉民要術』に引かれた前代の農書の一つに、後漢の崔寔が著した『四民月令』（第十二話参照）もあります。崔寔は、オルドスに位置する現在の内蒙古自治区（陝西省の北方に寧夏回族自治区があり、そのさらに北）中部の五原太守に着任したことがあり、その折に実施した政策として、自ら織機を製作して織物生産の普及に努めたと、『後漢書』に記されています。五原は、麻類に適した土地であるのに民が織物生産を知らなかったからだ、というのです。が、厳冬の五原に麻では、真綿などを補助的に厚く用いたとしても寒くて耐えられないし、夏は衣類が不要だから冬用の毛皮だけあれば充分、という状況だったかもしれません。麻栽培の奨励は、有難迷惑だった可能性もあるのです。洛陽育ちの崔寔の感覚や価値観で、織物生産の普及を目指しても無理だったのではないでしょうか。

暑さ・寒さは、むろん、暮らしのさまざまな面に影響を及ぼしますが、目に見える形で、それが表われやすいのは、例えば発酵食品など、一定の気温が条件になるものの製造でしょう。

醤は、味噌と同様、さまざまな種類の蛋白質を発酵させたもので、『論語』にも登場する中国古来の食品です。そのまま簡素な食事のおかずにしたり、多少手の込んだ料理の調味料に卓上でも使ったりする、極めてポピュラーな食品です。が、これを作る時期について、二冊の農書の間に差異が見られるのです。

表　醤の仕込み月対照表

醤の種類	『四民月令』	『斉民要術』
肉醤	正月	十二月
清醤（豆だけ）	正月	十二月・正月：上位期、二月：中位期、三月：下位期
鮦魚（どうぎょ）の醤	四月の立夏後	十二月
魚醤	六、七月の交（変わり目頃）	十二月

二世紀の『四民月令』と六世紀の『斉民要術』が、それぞれ、いつごろを醤造りの適期としているかを表にしてみました。

発酵食品を上手く作るには、一方で酵母が活動できる温度を確保し、さりとて腐敗菌が活動し始める温度にはしない、という微妙な境目を保ってゆかねばなりません。素材によって、その適温は変わるようです。そして、『斉民要術』では、製造は可能だが、作ったものが夏を越せるか否かで、さらに厳しく時期設定をしています。肉や魚で作る醤は、作るだけなら、十二月以外の月でも可能だが、それでは虫が湧いて夏を越せないというのです。

ところが、『四民月令』では、鮦魚（鱧魚・黒魚などとも表記されるようで、コイの類だとする説があります）は、旧暦四月の立夏以後、一般の魚醤に至っては、旧暦六月から七月にかけての頃、つまり現在の太陽暦では、九月初旬あたりを製造適期としているのです。いわば夏に作る食品ということになります。『四民月令』の内容は、おおむね洛陽付近で経営していた、彼の家の荘園での生活に基づくものとされています。これに対して『斉民要術』は、山東高陽郡での営農が記述の基本ですから、洛陽に較べ、やや湿潤だったはずで、湿度の違いも関係するかもしれません。しかし気温が高ければ、間違いなく醤は腐敗します。

したがって、後漢の洛陽は、北魏末期から後魏にかけての山東より明らかに寒く、真冬に魚醤を作ったのでは発酵しないので、夏が適期とされたものと思われるのです。

鮮卑族や匈奴の凍結対応

データ欄

II『魏書』序紀

（建国）二十一年、（匈奴）閼頭部民多叛、懼而東走、渡河半済而冰陥。後衆尽帰閼頭兄子悉勿祈。

（建国）三十年冬十月、帝征衛辰。時河冰未成、帝乃以葦絚約澌。俄然冰合、猶未能堅。乃散葦於上、冰草相結、如浮橋焉。衆軍利渉、出其不意、衛辰与宗族西走。収其部落而

II『魏書』序紀（『資治通鑑』は三五八年冬十月の項に記す）

（建国）二十一年、閼頭の部の民多く叛し、懼れて東に走り、河を渡ること半ば済りて冰陥つ。後衆尽く其の兄の子悉勿祈に帰す。

（建国）三十年（通鑑三六七年）冬十月、帝衛辰を征す。時に河の冰未だ成らず、帝乃ち葦を以て澌を絚約す。俄然冰合すも、猶ほ未だ能く堅からず。乃ち葦を上に散じ、冰と草相ひ結び、浮橋の如し。衆軍渉るに利し、其の不意に出でて、衛辰と宗族西に走

還、俘獲生口及馬牛羊数十万頭。

る。其部落を収めて還（かへ）り、生口（せいこう）及び馬牛羊の俘獲（ふくわく）するもの数十万頭。

北魏末期（厳密には、北魏滅亡後の混乱期に短期間成立した後魏の時代）に完成した書である『斉民要術』が示すように、五胡十六国時代後半は、そろそろ温暖化に向かいつつあったと思われます。

曹操の黄河凍結による立ち往生から、約百五十年後のことです。

実力をつけて鮮卑族をまとめつつあった拓抜部（たくばつぶ）の什翼犍（じゅうよくけん）は、当時、代王（山西北部の長官）に任じられていました。ずっと反目しあっていた鉄弗匈奴（てつふつきょうど）のリーダーが拓跋部に逃げ込んできた時、チャンス到来、とばかりリーダーの息子に自分の娘を嫁がせたりしたのです。が、匈奴鉄弗部全体を掌握することは、なかなか困難だったようです。三五八年冬十月、リーダーの別の息子・閼頭（あっとう）に従っていた人々は、什翼犍の集団から離脱しようとしました。が、逃走の途中さしかかった黄河の氷は充分に張っていなかったのです。川幅の半ばで氷が陥没し、多くの人が溺れたといいます。

これに対して、什翼犍自身が、建国三十（三六七）年、別の匈奴の衛辰（えいしん）を討ちに行く際のエピソードは、なかなか興味深いものです。河の氷が冬十月というのにまだ（全面には）張っていない。什翼犍はアシを束ねて澌（流氷）を寄せ集めまとめると（流れが緩まって水温が下がり、またおそらくアシに含まれる塩分が氷点を上げて）俄然、氷が張りつめました。が、まだ堅くないため、アシを薄氷の上に散らすと、氷と草が結びあって浮き橋のようになったので、軍が渡りやすくなったというのです。不意を衝かれて、衛辰と宗族が西に移った後、什翼犍は残された部落を手中に収めて還り、奴隷と馬牛羊数十万頭を獲得した、と記録されています。

つまり匈奴や鮮卑族は、河に氷が張ればそこを渡る、という技術を当然のごとく持っていたわけでしょう。だから、河川が凍るはずの季節に、まだ充分氷が張っていないと、溺れてしまったのです。彼ら遊牧民にとって、家畜の繁殖期でない冬こそ、「戦争の季節」だったのかもしれません。

ただ皮肉なことに、氷原を疾駆できる技術よりも、植物を有効利用できる技術の方が優位に立ちうる時代は、やがてまた、訪れようとしていたのです。

参考文献

東晋次『後漢時代の政治と社会』（名古屋大学出版会、一九九五年）
川勝義雄『魏晋南北朝』（講談社、一九七四年）
渡邉義浩『図解雑学・諸葛孔明』（ナツメ社、二〇〇二年）
渡邉義浩『三国政権の構造と「名士」』（汲古書院、二〇〇四年）
窪添慶文『魏晋南北朝官僚制研究』（汲古書院、二〇〇四年）
堀敏一『世界の歴史4　古代の中国』（講談社、一九七七年）
三﨑良章『五胡十六国』（東方書店、二〇〇二年）

第十四話　均田制、もう一つの貌
――五胡から唐宋期の樹木観――

土地を「支給」する法令の中身は？

北魏に始まったとされる均田・租庸調制は、日本の大化の改新で発布された班田収授の法などにも影響を与えたことで、よく知られています。一般に、土地を持っていない人々にも耕地や宅地を「支給」した規定として捉えられていますが、食料生産の基盤となる土地が、各々の時代の為政者によってどのように扱われたのかは、当時の社会体制全体を位置付ける指標となる事柄ですから、さまざまな角度から検討が加えられています。日本でも中国でもおびただしい研究蓄積があり、堀敏一氏の『均田制の研究』など優れた研究書も多く、特にその実効性・実施状況・地域などに関する論議は活発です。

ただ、日本が導入したものは、唐代のものを範としたようですが、北魏の均田制と、唐や日本のそれとでは、史料の文字に頼ってみる限り、多少、意義が異なるようにも思われます。ここで特に取り上げたいのは、この北魏の均田制の記録に見える、樹木を植えつける義務についてです。

データ欄

Ⅰ『魏書』食貨志

九年、下詔均給天下民田。諸男夫十五以上、受露田四十畝、婦人二十畝、奴婢依良。……諸桑田不在還受之限、但通入倍田分。於分雖盈、没則還田、不得以充露田之数。不足者以露田充倍。諸初受田者、男夫一人給田二十畝、課蒔余、種桑五十樹、棗五株、楡三根。非桑之土、夫給一畝、依法課蒔楡・棗。奴各依良。限三年種畢、不畢、奪其不畢之地。於桑楡地分雑蒔余果及多種桑楡者不禁。

Ⅰ『魏書』食貨志

九年、詔を下し均しく天下に民田を給ふ。諸ろの男夫十五以上、露田四十畝、婦人二十畝を受け、奴婢も良に依る。……諸ろの桑田は還受之限りに在らず、但だ通じて倍田の分に入る。分においては盈つと雖も、没すれば則ち還田し、以て露田之数に充つるを得ず。不足者は露田を以て倍に充つ。諸ろの初めて受田する者、男夫一人に給田二十畝、蒔余に課すに、種うること桑五十樹、棗五株、楡三根。非桑之土は、夫に一畝を給し、法に依りて楡・棗を蒔くを課す。奴も各の良に依る。三年を限りて種畢はり、畢はらざれば、其の畢はらざるの地を奪ふ。桑楡の地に於いて分ちて余果及び多種の桑楡を雑へて蒔く者は禁ぜず。諸ろの応に

諸応還之田、不得種桑楡棗果、種者以違令論、地入還分。諸桑田皆為世業、……諸麻布之土、男夫及課、別給麻田十畝、婦人五畝、奴婢依良。皆従還受之法。

還すべきの田は、桑楡棗果を種うるを得ず、種うる者は違令を以て論じ、地は還分に入る。諸ろの桑田は皆世業と為す、……諸ろの麻布之土は、男夫課に及びて、別に麻田十畝を給し、婦人は五畝、奴婢も良に依る。皆還受之法に従ふ。

北魏・均田制の特質

一般に、北魏の均田制と唐のそれとの違いについては、北魏では奴婢や牛馬にも土地を支給する決まりになっている点や、夫の有無に関らず女性にも支給される点などが、よく指摘されます。牛馬や奴婢をたくさん所有していれば、「支給」されるはずの土地も広くなるわけで、結局、もともと豊かな者が、より広い土地を経営できることになり、大土地を保有した「貴族」に有利な制度だった、と考えられているようです。法令の本当の目的も、穀物生産に使う土地を支給するというより、牧畜地の保有を制限する、という側面があったのかもしれません。が、こういった問題については、これ以上立ち入りません。

注目したいのは、データ欄Ｉに見える記述です。良民でも奴隷でも、男性一人当たり二十畝の土地を与えるから、穀物生産の余暇に、クワ五十本、ナツメ五本、ニレ三本を植えつけなさい。クワ栽培に適さない土地では一畝を支給するから、ニレ・ナツメだけは植えなさい。三年経っても植樹が終わらなければ、土地を没収します。クワとニレ以外の樹を混ぜて植えたり、規定以上に多くの本数を植えることは構いません、と指示していますね。国中の成人男子全てが、六十本近い樹木を植える、なんて、現代中国の「退耕還林還草」政策（傾斜地では穀物生産などをやめ、森林ないし草原に戻す政策。二〇〇〇年に始まった）をはるかに凌ぐ、一大植林事業ではないでしょうか。

クワ・ニレ・ナツメはいずれも落葉広葉樹です。日本人の感覚では、比較的寒冷な地域のニレ、比較的栄養分の多い土地のナツメ、といった印象があり、クワがもっとも適応性に富むように見えますが、わざわざクワに適さない土地のケースを想定しているのは、この規定が生まれる以前、「この地ではクワ栽培ができません」といった報告の上がる場合があったからではないかと思われます。これはむろん、クワ栽培の可能な土地だと役人が認定したら、絹織物の貢納が課せられたからでしょう。クワは、第一義的には、絹織物の生産材料とみなされていたわけで、さまざまな事情から絹の課税を逃れたい地域の場合、「クワが栽培できない」と上部に報告するのが、無難な常套手段だったと思われます。

これに対してニレとナツメの植樹が奨励されたのは、どちらも救荒作物としての機能を持つからでしょう。ナツメが果物として食され薬効もあると同時に、ドライフルーツにして保存可能であることは、今日でも同じです。ニレについては訝しく思われる向きもあるでしょうが、ハルニレの花や若葉のお浸しは、なかなかおいしいものですし、アキニレの実が食べられることは、日本の延喜式にも記されています。第十三話でも触れた『四民月令』や『斉民要術』では、「楡醬」、つまり「ニレの実味噌」まで記されています。硬い樹幹は今日用材として利用されますが、樹皮には薬効があり漆器生産にも使われたようです。なお、クワも養蚕に利用するだけでなく、クワの実—椹が、秋作物を食べつくし、まだ麦類が実らない三～四月の「春飢」を救うものとして珍重されることを、『四民月令』も記しています。つまり、北魏が推奨した三種の樹木は、民衆の生活上、どれも極めて利用度の高いものなのです。

ハルニレ（写真：アマナイメージズ）

ですから、クワを植えない土地でも、絶対に、ニレとナツメは植えさせようとしたのでしょう。

これに対して、データ欄IIに示した『新唐書』が記録する唐の規定は、植樹に充てる土地として永業田を定めてはいますが、実際の植林の指標となりそうな基準はかなり大雑把です。『旧唐書』となると、これよりもっと曖昧なことしか書かれていません。ともかく樹を植える土地が確保されていればよさそうです。また、日本の規定ですと、例えば養老令のうちの田令に記された「園地」については、クワとウルシの植樹が指示されています。これは、もう明らかに、樹木が工芸品生産の材料となる面を尊重しているわけで、いわば経済作物の栽培地確保、という性格になります。

データ欄

II『唐書』巻五十一　食貨一

授田之制、丁及男年十八以上者、人一頃、其八十畝為口分、二十畝為永業、老及篤疾、廃疾者、人四十畝、寡妻妾三十畝、当戸者増二十畝、皆以二十畝為永業、其余為口分。永業之田、樹以楡、棗、桑及所宜之木、皆有数。

II『唐書』巻五十一　食貨一

授田之制、丁及び男の年十八以上に及ぶ者、人ごとに一頃、其の八十畝は口分と為し、二十畝は永業と為す、老いたる及び篤き疾ひと廃疾の者は、人ごとに四十畝、寡たる妻妾は三十畝、戸に当る者は二十畝を増す、皆二十畝を以て永業と為し、其余は口分と為す。永業之田、樹うるに楡、棗、桑及び宜しき所の木を以てすること、皆数有り。

これに対して、日本同様、中国の律令制の影響を受けていると思われる朝鮮半島の王朝では、例えば、高麗朝の「田柴科」と呼ばれる官僚への土地支給制度において、名称が示すように、穀物生産地と並んで、燃料供給地としての雑木林の割り当てがあるようで、何か対照的な感じがします。

日本列島が、どれほど森林資源に恵まれてきたか、再認識させられますね。

植樹の伝統

第十一話で紹介したように、前漢後期の渤海郡では、龔遂がニレの植樹を薦めました。また、東海郡の「集簿」にも、植樹した土地の増減が記されています。ですから、前述したような民衆の生活物資補助としての役割、あるいは燃料確保のための植樹が、それぞれの地域で、地方官の個別の指令によって、実行されていたケースがあったと見做すべきでしょう。

ただ、中央から植樹命令が出たケースは、漢代に関する限り、史料が見当たりません。

ところが、五胡の時代になると、これが確認できるのです。前述した退耕還林還草政策にも匹敵するこういう方針が、なぜ、非定着農耕民から生まれたのかは検討に値しましょう。

データIIIは、氐族に属すとされる前秦の苻堅が、三五七年頃からの統治期間に実行したとされる事跡です。

III『晋書』載記　苻堅

堅以境内旱、課百姓区種。懼歳不登、省節穀帛之費、太官、後宮減常度二等、百僚之秩以次降之。…関隴清晏、百姓豊楽。自長安至于諸州、皆夾路樹槐柳、二十里一亭、四十里一駅、旅行者取給於途、工商貿販於道。百姓歌之曰「長安大街、夾樹楊槐。下走朱輪、上有鸞栖。英彦雲集、誨我萌黎」

III『晋書』載記　苻堅

堅、境内の旱を以て、百姓に区種を課す。歳に登らざるを懼れ、穀帛之費を省節し、太官、後宮は減ずること常度より二等、百僚之秩は次を以て之を降す。……関隴清晏たりて、百姓豊楽す。長安より諸州に至る、皆路を夾みて槐と柳を樹ゑ、二十里一亭、四十里一駅、旅行者途に給を取り、工商は道に貿販す。百姓之を歌ひて曰く「長安大街、夾む樹は楊・槐。下に朱輪走り、上に鸞の栖有り。英彦雲集し、我が萌黎を誨ふ」と。

旱りになって収穫不足が予測されると聞けば、民衆に、第十話で述べた『氾勝之書』の区種法を実行させたり（家畜は、支配者集団が氏族だったのですから、当然たくさんいたはずで、実行できたのでしょう）、宗教関連施設や後宮の日常生活を切り詰めたり、官僚の俸給を減額したりしています。

胡楊（若木は長い楕円形、成木はハート型と、成育段階毎に葉の形が変わる樹木。絶滅危惧種）。ゴルムド市で。

関中が平穏で民が豊かになってから始めたのが、植樹事業です。長安から諸州に至る道筋全てで、路を挟んで槐（えんじゅ）と楊（ポプラ）を植え、二十里ごとに亭を、四十里ごとに駅を置いたのだそうです。これによって旅行者は途中で必要な品を補給でき、手工業者や商人が、街道沿いで商売できるようになりました。人々がこれを「長安通るは大きな街道、夾んで樹わるは楊と槐。下には朱輪の車が走り、上には鸞が栖を作る。英(すぐ)れたお方が集まって、我ら民草誨(おし)えてくれる。」と歌ったそうです。

こういう事業は、並木道の効用を熟知していたればこそ、計画したものではないでしょうか。戦国期の法家思想のように、雑草除去はむろんのこと、耕地内の樹木、道路わきの樹木、はては宮中の樹木まで、それが仕事をしないで、人々が樹下でのんびりおしゃべりする基だから、と伐採を指示するような考え方とは対極的です。この事業が象徴する、流通の繁栄には交通網の整備が必要で、並木は快適な道路の確保に不可欠だ、という発想が、苻堅の政策の中で確立しているのは、おそらく、シルクロード交易を担ってきたソグド人など西域の人々と氐族とが密接に交流してきたから、そしてむろん、自分たちも移動を常とする生活形態を維持してきたからだろうと思われます。遠くシルクロードを行く人々の苦労を理解できる者ならば、街道沿いの並木の有難さも実感できたのではないでしょうか。炎熱の沙漠から、オアシス地帯に入り胡楊（こよう）（西域乾燥地帯に固有の樹木。写真参照）の樹林を見る嬉しさを、遊牧民系の人々は体感していたのでしょう。さらに、樹下で人々が談論風発する姿を好ましいものと見做しえたリベラルな感覚は、五胡の中でも傑出した名君と、後世の漢人の学者たちにも評価された苻堅の資質をも表しているようです。

また、データⅣは、のちに北周（五五六―五八一年）の基礎を築いた鮮卑（せんぴ）族（もとは匈奴系とも）宇文泰（うぶんたい）が、鄴（ぎょう）から長安の自分の下へ脱出してきた北魏・孝武帝（こうぶてい）を擁し、後に北斉（五五〇―五七七年）を建てる高歓（こうかん）と対立していた時点の記録です。高歓を追いやって戦闘に勝利した後、おそらく形勢眺めだったのでしょう、遅れて参戦した軍の者を含めて、兵たちに勝利のモニュメントとして植樹させ、柳七千本が植わった、というのです。

データ欄

Ⅳ『北史』周本紀　太祖文帝　宇文泰

時所徴諸州兵始至。乃於戦所、準当時兵、人種樹一株、栽柳七千根、

Ⅳ『北史』周本紀　太祖文帝　宇文泰

時に徴（ちょう）するところの諸州の兵始めて至る。乃ち戦所に於て、準（のり）として当時の兵、人ごとに樹を種（う）うる

――以旌武功。

――こと一株、柳七千根を栽う、以て武功を旌す。

このような樹木の用い方も、中原の思想には、あまり見られないように思います。どうも、牧畜民を始めとする非農耕民のほうが、植樹には熱心なようです。牧畜民が、もっとも苦労するのは、燃料であるらしく、一般には家畜糞を燃料にします。太陽エネルギーが涵養した草木を直接燃やしてしまうのではなく、いったん家畜が摂取して有用な養分を吸収し、摂取できない硬い繊維質などが排泄され、それを人間が燃料として利用する、という循環方式は、比較的合理的なものといえましょう。他方で放牧地周辺の森林は、牧畜のみでは不足する資源の狩猟・採集の場としても保護する習慣があったようです。農民と異なり、穀物茎幹という燃料を得られない生産を日常行っていれば、牧草の生育を順調にさせるためにも、水分涵養の機能を持つ自然林の保護に目が向いたのだと思われます。

このような牧畜民の生活様式が影響しているのか、前述した『斉民要術』では、四十余種の樹木を、耕地（！）に水と肥料を施して（むろん、なかには肥料は要らない、と書かれている樹木もありますが）栽培する技術を詳説しています。おまけに、それぞれの樹木について、どれだけの投資（苗代とか人件費とか肥料代金とか）をすると、何年後にどれほど利益が挙がるか、といった計算まで示されているのです。自然の森林に取り囲まれて、数千年を過してきた日本では想像もつかないことではないでしょうか。

やがて温暖期を迎えた環境条件の下、唐代の国際交流――シルクロード交易は盛んになりました。中央アジアオアシス地帯への雪解け水の流入量が温暖化によって増したようで、オアシス都市を結ぶ隊商の移動も活発化したと考えられます。が、当時の世界最大都市・長安の春を彩る整然たる街路樹の姿は、このような過去の実践の積み重ねもあって、出現したといえましょう。

唐宋樹木観〝変革〟期（?!）

データ欄

Ⅴ『人面桃花』

博陵崔護、資質甚美、而孤潔寡合。挙進士下第、清明日、独遊都城南、得居人庄。一畝之宮、而花木叢萃、寂若無人。扣門久之、有女子。自門隙窺之、問

Ⅴ『人面桃花（じんめんとうか）』

博陵の崔護（さいご）は、資質甚だ美しけれど、孤潔にして合（あ）ふこと寡（すくな）し。進士に挙するも第に下り、清明の日、独り都城の南に遊び、居人の庄を得。一畝の宮にして、花木叢萃し、寂として人無きが若し。門を扣（たた）くこと久しくして、女子（じょし）有り。門隙（もんげき）より之（これ）を窺（うかが）ひ、問ひて曰く、「誰ぞや。」

曰、誰耶。以姓字対曰、尋春独行、酒渇求飲。女入以杯水至、開門設牀命坐、独倚小桃斜柯佇立、而意属殊厚。妖姿媚態、綽有余妍。崔以言挑之、不対。目注者久之。崔辞去、送至門、如不勝情而入。

と。姓字を以て対へて曰く、「春を尋ねて独り行き、酒渇して飲を求む。」と。女入り杯水を以て至り、門を開き牀を設けて坐を命じ、独り小桃の斜柯に倚り佇立して、意属殊に厚し。妖姿媚態、綽として余妍有り。崔、言を以て之に挑むも、対へず。目注する者久しうす。崔 辞去するに、送りて門に至り、情に勝へざるがごとくして入る。

李白や白楽天の詩、あるいはデータVの「人面桃花」の物語などを読むと、長安郊外に桃や李の果樹園が広がっていたことは想像できます。ここに引いたのは、科挙の受験生である崔護が、長安郊外の散歩で喉が渇き、いなか舎に行き当たって水を飲ませてくれた若い女性の美しさに魅せられる、という物語冒頭の部分です。一畝（唐代は、漢代に比べて五割程度広くなり、ほぼ五〜六百平方メートルとされる）ほどのスペースに、花や樹木が鬱蒼と生い茂って、人気も感じられないほど閑静で質素な家の門のそばに、小振りの桃の花が咲いていた、とわかりますね。暖かくなって竹林も復活したようです。データIIの唐代均田制史料が、樹木栽培について大雑把なのは、こういう唐初の

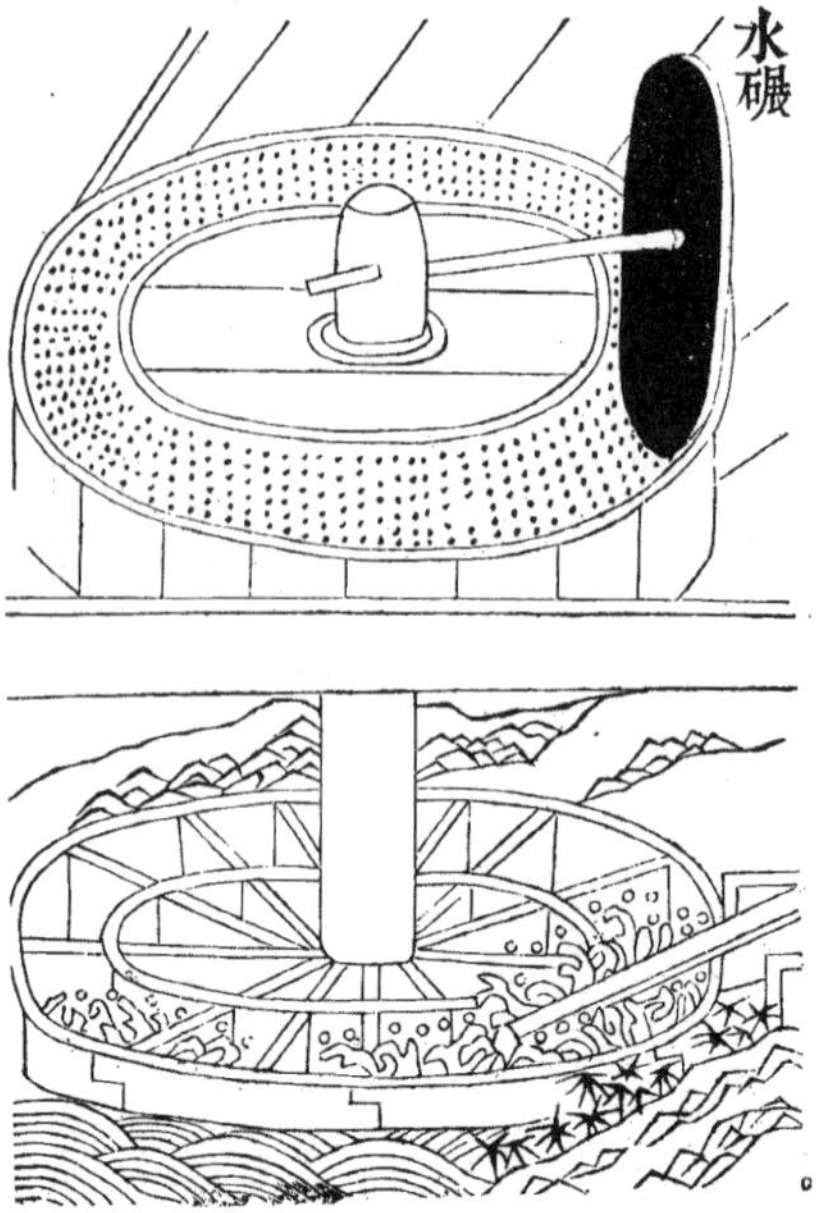

水碾（水車利用のコムギ製粉用スリウス、『農政全書』より）

恵まれた環境の産物だったのかもしれません。

ただ、人間の活動は、自然環境だけによって決定されるものではありません。暖かくなって、関中での水稲栽培はむろん可能になり、事実、稲田の記録もあるのですが、唐代の関中盆地に広がったのは、コムギ畑だったようです。これについては、つとに、西嶋定生氏が優れた考証をしておいでです。小麦を製粉するための水車小屋建設（皇帝の娘をはじめとする貴族が経営主体だったケースが多いのですが）によって、農地灌漑に水不足をきたした（コムギは日本では畑作物として比較的乾燥した土地に栽培しますが、中国では湿地の作物、灌漑が望ましい作物として扱われることが多いのです）、との記録があり、これを分析された論文です。こういう現象は、気候条件の直接的影響というより、唐・長安に暮らした人々の嗜好がコムギを選択した結果、とみなすべきでしょう。すなわち、今日、われわれがインド料理として親しんでいるナンに類した、小麦粉で作る食品の流行です。ワインの流行については李白や白楽天の詩に明らかなので、ご存じの方も多いでしょうが、西方から流入した食文化は、酒類に留まらなかった、否、ナンを好む人々が多数居住していた、と見るべきかもしれません。

が、唐中葉以降、華北は再び寒冷化してゆきました。

国際都市長安をにぎわした諸民族の人々の中には、自立の意欲を感じた人もいたのでしょう。また、寒冷化は、再び草原での遊牧生活に、限界を与えはじめました。かくて、塩商人・黄巣の叛乱を契機として、五代十国の分裂時代となります。華北のうち、燕雲十六州は、自立を果たした契丹が立てた遼の支配下に入りましたが、辛うじてそれ以外の地域をまとめたのは、九六〇年、宋を建てた趙匡胤でした。

彼は、五代の後周・恭宗からの禅譲の形で宋を建国しますが、恭宗の父であった世宗・柴栄が顕徳三（九五六）年に出した令を踏襲し、民に植樹の義務を課しました。民を五段階に分かち、第一等の者には百本の植樹をクワとナツメ半々にするよう命じ、一等ごとに二十本減じてよい、としています。毎年、春秋に巡察して成果を点検し、広くクワやナツメを植樹したり荒地を開墾したものは、旧来の租を免ずる、としました。注目したいのは、クワやナツメを伐って薪にした者への罰則規定です。特にクワについては、切り倒さなくても、表面の樹皮を三か所以上剝いだ者の首謀者は死罪、従犯のものは三千里の流罪、これより少量であれば禁固刑にして労役にあたらせる、というものです。

この時の詔勅には、蔬菜栽培の奨励は見えるのですが、穀物生産地への言及はありません。おそらく、唐中葉の両税法施行以降、戸等制が敷かれ（この詔勅でも、五等級に区分されています）、民（むろん、大地主も含みます）の貧富の差を政府が承認するとともに、穀物生産地について、自主的経営の幅が広がったことに関連するかと思われます。これに連れて狭小な土地しか経営できない人々は、食料不足で寒空に空腹を抱えたでしょう。もっとも、これは賃雇いの仕事でもすれば、市場でわずかな食料を購入できたかもしれません。しかし経営面積が少なければ、穀物茎幹も足りないわけで、ともかく燃料が足りなくなったのだと思われます。薪は司馬遷以来、重い上に利幅が少ないので、遠隔地交易されない品物の筆頭にあがります。が、戦乱で、多少残っていた雑木林や河岸の木立も消失したかもしれません。

こういう規定の出現は（おそらく、後周〔九五一―九六〇年〕以来でしょうが）もはや樹木が、救荒食品や生活用具材料、あるいは憩いの場の提供、といった機能から突出して、燃料源として着目されるようになったことを推定させます。

寒くなれば暖を取りたくなるのは当然ですし、鉄器や製塩（これは唐以降、政府の重要な財源になりました）、日常の炊事に必要な薪の絶対量も増加したはずです。近現代になって華北の森林を保護しきれない状況が生まれたのは、燃料として農民が木を切り倒してしまうのが、大きな原因です。唐末以来の混乱の中で、寒冷化が進行すれば、毛皮を着られる習慣・資源・技術に乏しくなった中原の人々の燃料要求は、いや増したことでしょう。

このように見てくると、北魏・均田制の規定に見える樹木栽培の指示は、均田制が、穀物生産に用いる土地の支給ないし制限、といった性質のほかに、歴代王朝の樹木観、ひいては民生への関心の緻密さ・丁寧さの違いをも浮き出させる材料として再検討すべき側面を持つことを、示唆しているのかもしれません。

参考文献

西嶋定生『中国経済史研究』（東京大学出版会、一九六六年）
布目潮渢『隋唐帝国』（講談社、一九七四年）
堀　敏一『中国と古代東アジア世界』（岩波書店、一九九三年）
金子修一『古代中国と皇帝祭祀』（汲古書院、二〇〇一年）

第十五話「貧困の黄土高原」はなぜできた
——明清・中華帝国の光と影——

華北の樹木消失のいきさつ

以上、本書でご紹介できたエピソードの限りでは、時代の変遷につれ多少の増減はあるものの、むかし華北には豊かな森林があった、という側面のみ感じられたかもしれません。

では、今日、日本にまで及ぶ黄砂を発生させるモンゴル高原や、生活水にも事欠くハゲ山ばかりの貧しい黄土高原は、なぜ生まれたのか、と訝(いぶか)しくお思いの向きも多いことでしょう。

この問題は非常に複雑で、さまざまな点からの検討が必要なので、本書の範囲でお答えを出すわけにはゆきません。が、例えば史念海氏が提言しておいでの、「黄土高原、すなわち陝西(せんせい)・山西の森林消失はおそらく明代に始まるであろう」という見解は卓見ではないかと、考えています。

最後に、このような見通しを側面から支えうるかと思われる仮説を、提示してみることにしましょう。

カラホトの悲劇

二〇〇五年夏、内蒙古自治区額済納旗を訪問する機会がありました。主目的としたのは、この地が漢代の居延城で、唐代には都護府が置かれたところでしたから、それを支えたとされる居延沢の実態を知ることでした。これについても多くの成果を得られたのですが、最も気になったのは、西夏の黒城、すなわちモンゴルのカラホト訪問の際に知った事柄でした。

現在も居延沢には、地下水が湧いています。祁連山の雪解け水を源とする弱水の地下水路です。黒城（カラホト）は、この地下水脈から引いていた渠水の流路を潰され滅びたのです。西夏を倒したモンゴル兵によってではありません。元朝は西夏の統治者は殺しましたが、黒城の都市機能は維持し、それをさらに拡大して、カラホトとして繁栄させました。それを壊滅に導いたのは、明将・馮勝です。地下水脈を絶たれ人畜ともに焼き尽くされたカラホトは、現在の額済納旗からも車で半日かけて行かねばならない距離にありますから、人や家畜が廃墟に訪れることも稀になりました。馮勝は回族であるようですが、明初の旧「色目人」弾圧策

カラホト遺跡近くの定住牧畜民自宅の井戸。沙漠地帯にある。

には、いささか常軌を逸した感のあるものが多いので、このような行動を馮勝が採った背景を軽々には断じられません。何が何でも目覚ましい戦果を挙げる必要があったのかもしれません。が、理由が何であれ、緑の都市を廃墟にしてまで、モンゴル人が根拠地にしうる地点を壊滅させたのは事実です。土地の郷土史的史料には、現在の当地の住人の大半を占めるモンゴル族の立場から、これを非難する文辞が、よく見られます。

同時に、現在もなお、再生アルカリ化（第九話参照）を招く非科学的なスイカ栽培が、退耕還林還草政策に従って牧畜から農業に転向した方々によって行われている（ですから、これは、その農家の方を咎めるべきことではなく、政府の技術指導の問題だと思われますが）のをまのあたりにし、砂漠化が進行中であることを痛感させられました。砂漠化は、さまざまな環境問題のシンボルのように扱われていますが、そして今日、それは確かに大規模な取り組みを必要とするものではあるのですが、そのような砂漠を作ってしまった人為について、考えてみましょう。

黒城城外に今日広がる（写真参照）ような、日本人がイメージする「砂漠」、つまり本当に砂ばかりになっている土地は、実はそれほど広大なわけではありません。現在、華北などで問題になっているのは、「沙」字で表記する「沙漠」、つまり水分が乏しく、石ころと団粒構造を失ってカチカチになった土とが混じりあい、植物が育ちにくくなっている土地の方です。額済納旗でも、現在、一帯のほとんどの土地は沙漠です。砂漠は、よほどの事業を起さないと改良できませんが、沙漠の方は、ある程度改善が可能です。で、これがむしろ問題で、安易に灌漑をしたりするとアルカリ化が発生し、やがて本当に「砂漠」になってしまうからです。

　完全な砂漠になったカラホトのすぐ近くで、今日、ともかくも小都市の額済納旗が存在し人々が暮らしてゆけるのは、明清交替期、モンゴルの王族の中で、いち早く清朝に帰順した人々の王府がここに置かれたからですが、それを可能にしたのは、居延沢に注ぐ地下水と、遊牧を基本産業とした清代の土地利用法とが、適合していたからだと思われます。沙漠は、第九話で紹介した滴灌法など、高いコストの掛かる超現代的な科学的灌漑を行いうるのでなければ、むしろ無理に灌漑せず、塩を好むタマリスクなどの植物が自然に生えるに任せ、ときおり、その周辺の好塩性草類を羊が食べる程度の利用に留めておくと、ときおりの降雨でも（私たちの滞在中にも、おそらく地表から蒸発した水分が作る雲によってでしょう、二回、土砂降りの雨がありました）、やがて有機質が土地に供給されれば、徐々に回復が見込めます。

カラホト城外の砂漠

　第七話で述べたように、土壌を「生き物」にしてくれる腐植酸の働きについては、まだあまり研究が進んでいませんが、水保ちをよくするためにも、有機質の供給が、沙漠化を防ぐ鍵なのです。

山西・太原付近の養蚕衰退

華北の土地に有機質、つまり穀物生産の栄養となる成分を供給してきたのが、絹織物産業の廃棄物、すなわち蚕矢（さんし）であることは、度々述べてきました。ところが、明清時代、これが危機を迎えたのです。

清・道光年間、つまり十九世紀前半の山西・太原付近の農業事情を祁寯藻（きしゅんそう）が記した『馬首農言（ばしゅのうげん）』という農書があります。データ欄Ⅰは、その「織事（しょくじ）」という章のものです。

データ欄

Ⅰ　祁寯藻『馬首農言』織事

邑不飼蚕、不種稲。地気晩寒、或非所宜。然唐・魏風凡三言「桑」。……今太原迺南郡県多稲、且有蚕織者。邑之南郷、近亦有水

Ⅰ　祁寯藻（きしゅんそう）『馬首農言（ばしゅのうげん）』織事（しょくじ）

邑（いふ）に蚕を飼はず、稲（いね）を種（う）ゑず。地気晩（おそ）く寒（さむ）し、或ひは宜（よろ）しきところに非（あら）ざるか。然（しか）れども唐（たう）・魏風（ぎふう）に凡（およ）そ三（み）たび「桑」を言ふ。……今太原迺南（たいげんいなん）の郡県多く稲あり、且つ蚕織（さんしよく）する者有り。邑の南郷（なんきやう）にも、近く亦（また）水

田、可種稲。志載物産有桑、有絲絹、由来已久。乾隆中、余家従伯父樹桓妻張氏、嘗飼蚕、手織繭絹。数十年来、此風寂然。十畝之外、閑閑泄泄、豈尽関地気耶。

田有りて、稲を種うべし。志の載する物産にも桑有り、絲絹の有ること、由来已に久し。乾隆中、余の家従伯父樹桓の妻張氏、嘗て蚕を飼ひ、手づから蚕絹を織る。数十年来、此の風寂然たり。十畝之外、閑閑泄泄たるは、豈に尽く地気に関らんや！

近年、寿陽付近では蚕を飼わないが、太原以南では養蚕しているし、記録では昔からずっと物産として桑や絹が挙がる。私の大伯父の妻・張氏は乾隆年間、常に養蚕し絹を織っていた。近数十年その風習は絶えた。土地柄のせいではない。（大意訳。以下の資料も同様）

とあります。また、別に、やはり絹織物生産衰退の事情に関連した記述があります。データ欄IIに示した『豳風広義』という書物で、これは、寿陽ではまだ絹を生産していた乾隆年間（一七三六―九五年）に、お隣の陝西省・興平の人である楊屾が記したものです。

II　楊屾『豳風広義』

独是秦人、自誤於風土不宜之説、知農而不知桑、是有食而無衣。二者缺一、則民失一倍之資。絲帛至木棉麻苧、又非秦地所宜。絲帛布葛、通省無出。雖厥土黄壌、厥田上上、自桑蚕一廃、五穀之外、百無所生。究不能全獲地利、常有飢寒之患。……是以秦人歳歳衣被冠履、皆取給於外省矣、而売穀以易之。穀売之於遠方、是穀輸於外省矣。絲帛木棉之属、買之於江浙両広四川河南、是銀又輸於外省矣。

II　楊屾『豳風広義』

独り是れ秦人、自ら風土宜しからずの説に誤りて、農を知るも桑を知らず、是れ食有りて衣なし。二者に一を欠けば、即ち民一倍の資を失ふ。木棉麻苧に至りては、又秦地の宜しき所にあらず。絲帛布葛、省を通じて出づるなし。厥の土黄壌、厥の田は上上と言へども、桑蚕一たび廃されてより、五穀の外、百も生ずる所なし。究ひに地利を全く獲る能はず、常に飢寒の患ひ有り。……。是を以て秦人歳歳の衣被冠履、皆給を外省に取り、而して穀を売りて以て之に易ふ。穀売ることの遠方におけるや、是れ穀外省に輸するなり。絲帛木棉の属、之を江浙両広四川河南より買ふや、是れ銀も又外省に輸するなり。

この書では、

秦（陝西省）の人間は誤って風土不適だと思い、五穀以外何も生産しないので、いつも飢え、かつ寒い。着物・履物は全て外省から入るが、穀物を遠くに売るのは、穀物を外省に運ぶことになる。衣料品材料は江蘇・浙江・広西・広東・四川・河南から買っているが、これ又銀を外省に運ぶことになる。

と、自然環境条件が原因ではない養蚕衰退の実情を描写しています。そして「毎年必ず食料を売って衣服を買うので、衣料費支出のために食料は半減する。食料不足の者さえ少なくないのだから衣服に困るものは当然多い」と嘆くのです。この書は、こういう状況に鑑み、再び養蚕を盛んにしようと執筆されました。

さらにこれを遡る明末、著名な農務官僚徐光啓（一五六二―一六三三年）は、『農政全書』で、

データ欄

III　徐光啓『農政全書』巻三一　蚕桑・総論

今天下蚕事疏闊、東南之機、三呉越閩最夥、取給於湖繭。西北之機、潞最工、取給於閬繭。

III　徐光啓『農政全書』巻三一　蚕桑・総論

今天下の蚕事疏闊なり、東南の機、三呉越閩最も夥だしく、給を湖繭より取る。西北の機、潞最も工みにして、給を閬繭より取る。

今、天下の養蚕業はばらばらに広がっていて、東南の絹織物業は江蘇・浙江・福建・広西・広東に集中しているが、これは湖南・湖北から繭を運んでおり、西北の絹織物業では山西に高い技術があるが、これは四川から繭を運んでいる。

と述べ、製品完成地と原料産地の隔絶を嘆いています。すなわち、十六世紀後半から十七世紀にかけて、山西には、まだ、優れた絹織物生産技術が残存していたのです。が、絹織物工業の中心は、すでに沿海部に移り、やがて綿織物業と共に、工業化直前中国の、相当進んだ経営・生産形態（この評価に関しては色々論議あり）を取ってゆきます。

また、明清時代の山西については、山西商人の研究など、養蚕・絹織物業とは少しく視角を異にする方向からの研究は豊富なのですが、産業が移られた側、中心地でなくなった場所のその後の暮らし、という側面については、従来、あまり注目されていないように思われます。

が、私見では、養蚕・絹織物業の衰退は、単に手工業生産地の移動という意味だけではなく、広くその地の環境に影響を及ぼした、と考えます。蚕矢、すなわち、絹織物業の廃棄物であるカイコの糞・抜け殻、食べ残しのクワの葉や枝、カイコを飼ったあとの竹蓙（ちくざ）、などが、耕地に投下されなくなり、土壌肥力の減退に拍車がかかったと思われるからです。日本農業において購入肥料――干鰯（ほしか）など金肥（きんぴ）――の普及は、江戸時代以降のようですが、中国の蚕矢売買は、第十話で述べたように漢代の『氾勝之書（はんしょうしのしょ）』にも明記されています。かつ、クワ畑の存在は、長年成育し続ける樹木を耕地周辺に残すことになり、表土飛散を防ぐ効果もありました。穀物生産の拡大に反比例して消失していった華北の森林に代わって、いわば、擬似森林の役割も果たしたといえるのです。養蚕・絹織物業の衰退は、これらをも消失させたことになります。

が、そもそも、徐光啓の見た時点で、なぜ、山西の技術が高い、と評価されていたのでしょう。戦国秦漢期において、絹・麻を問わず衣料品生産の中心地は、漢王朝の官営被服製作工場も置かれていた山東にあり、当時の山西は、司馬遷『史記』貨殖列伝（前二世紀）では、木材産地とされていました。やがて武帝期以降、第十二話で述べたように、次第に桑栽培・絹織物業は全国化してゆきましたが、第十四話で紹介した北魏の租庸調制を伝える史料の細目規定では、太原以南の山西と関中は絹生産地とされているものの、雁門（がんもん）など山西北部、陝西でも黄土高原以北は、まだ絹でなく麻を納める土地と記載されています。

ですから、この山西・陝西が、徐光啓の評価しているような、高い織物生産技術の集積で知られるようになるのは、唐代シルクロードに直結する、国際貿易商品・絹の原産地としてだったことになるでしょう。明代以降に、重要な輸出品となる陶磁器と違って、絹織物は軽く、輸送コストも低廉だったはずですが、それでも山東から長安まで運んでからソグド人などの西域商人に渡すより、より近い黄土高原各地の山肌を利用してクワ栽培し製作する絹のほうが、商品としては売り易かったのではないかと思われます。

宋以後、契丹、タングートに席巻される時期も含めてモンゴル時代の末まで、山西・陝西において、政治・軍事的支配者は入れ替わろうと、シルクロード交易が有効である限り、産業立地の点から、その技術水準は維持されたのでしょう。モンゴル族や他の西北諸民族勢力にとっても、交易品としての絹生産と流通とは、利益の源泉だったはずですから。

が、明朝成立（一三六八年）後、その西北方ではモンゴル勢力との抗争が続き、カラホトの悲劇に象徴される明の西域攻略策は、決して軍事的に劣ったわけではないモンゴル族によって阻まれました。シルクロードを明は制圧できなかったのです。そこで、永楽帝（在位一四〇二―一四二四年）の海禁にも拘わらず、明の国際交易は、海路利用にシフトして活発化したのです。積出港近くに産地を確保する方向に絹織物業が向かったのは、やむをえなかったでしょう。陸路のシルクロード衰退に伴って、陝西・山西の絹織物生産は不利になり始めますが、それでも七百余年の技術蓄積は無視できず、原料の繭は四川からの移入に頼りつつ（したがって、この段階で前述の養蚕・絹織物業の環境維持機能は消失に向かったと思われます）、織物生産だけが続いたのだろうと推定できます。徐光啓の叙述は、この移行期の状況を映しているのです。

しかしながら、やはり、山西で製作した絹を沿海部まで運んでから輸出する、という産業配置には無理があります。元来、沿海部は、春秋時代の呉の国以来の絹生産技術をもち、需要さえあれば、それらの普及は容易だったに違いありません。

そこで清代、山西・陝西の絹織物業が廃れていった様を、前述の『馬首農言』『豳風広義』の叙述は示しているわけです。他方、交易路の方を押さえたモンゴル族やウイグル族では、絹織物生産の技術、あるいは西方向け商品提供への対応に、問題があったかと思われます（なお、十六世紀以降、西欧でも絹生産が普及し始め、必ずしも中国からの輸入品を必要としなくなってもいます）。

明代、手工業と沿海部国際交易の発展が中国にもたらした富は絶大で、地球全体から見ても突出した経済発展地域だったとされます。そのような華やかな側面については、近年岸本美緒氏らによる極めて高度で精緻な研究成果も挙がり、当時の社会全体の帰趨を決定付けたのが沿海部の経済であったことは確かです。が、その背後では、祁寯藻や楊屾が嘆いたような経済的マイナスに留まらない、肥料不足による地力衰退という環境変化も発生していたことになるのではないでしょうか。周囲に桑―樹木の無い傾斜地のハタケは、表土飛散・水土流失につながります。やがて、李自成の乱（一六三一―一六四五年）に至る華北の荒廃は、単に郷紳（きょうしん）地主による搾取、王朝の失策と言った要因のみではなく、このような本質的な環境悪化が引き起こした側面も見逃せないように思うのです。

中国の環境推移の流れ

明清時代における重要な環境問題としては、貴州・雲南、あるいは陝西南部などの森林破壊の問題などがあり、すでに上田信氏や武内房司氏による貴重な研究成果が挙がっていますから、それらを参照して頂きたいのですが、このように長江以南の地域が問題になったのは、明・清両王朝とも、自然資源の供給地として、それだけ南方に依存する度合いが高まっていたからでしょう。

本書で見てきた殷代以来の環境変化の趨勢からは、元来、自分たちの居住区の周辺で済ませていた狩猟採集経済の存在可能地である自然資源の供給地を、次第に遠隔地に求める傾向が見えます。そしてさらに、その場所が、次第に北方から南方に推移していった、と見ることができましょう。その動きが、それぞれの時代に、なお狩猟採集経済を営んでいた人々と、穀物生産を主産業とした人々との間に摩擦を生じたケースが確認できます。宋代では長江下流域で、明清になると、さらに南方の貴州や雲南でも、自然を変化させて開発を試みる人々と、従来の生活基盤を守ろうとする人々との、摩擦が発生しています。それは、結局、前近代の技術水準においては、農業から生活物資の全てを得ることなど困難で、採集に頼る部分が残ったことを意味しましょう（日本列島で海と里山とに依存してきた部分です）。

そして各時代において、新たに「中国」に組み込まれた地域では、その場所に以前から暮らしていた人々を農耕民に変えようとする圧力が、有形無形に働いた、と考えられます。政治思想としての「華夷思想」も、その一翼を担ったことになるでしょう。が、実際には、「中華」でなく「夷狄」対策にこそ、中国環境保持の知恵が発揮された場合のあったこと、或いは「夷狄」扱いされた人々の方が環境保全に留意した場合のあったことも、本書で述べました。
例えば、農業技術は、人口増加に対応すべく、趨勢としては不断に発展し続け、『氾勝之書』で試みられたような素朴で直接的な技術指導から、次第に体系的・学術的な農書となっていったようですが、優れた農書が生まれた時代は、要するに、農民化すべき人間集団が多数存在した時代だといえるのではないでしょうか。自然の森林・草原が失われても、何とか必要最小限の生活物資を入手して生活できるよう、農民化への道が示されたので、農書は、いわば自然環境の喪失と表裏一体で成立したのです。そしてその過程で、従来採集していたさまざまな物資を「農作物化」することも進展しました。『氾勝之書』では、瓢箪の例が、『斉民要術』では、樹木を耕地で栽培し売却して利益を得る方途が記されているように。やがて明代ともなると、穀物・衣料品生産に加え、舎飼の小家畜や養魚池経営、木立ちや水辺植物栽培などを組み合わせた実験的農園を地主層が経営し、それらの技術は、現代のビオトープに匹敵する循環型農園を出現させる基盤となっていったのです。が、そのような現代にも通じる環境対応策の細部にわたる側面については、いずれ別の機会に述べたいと思います。

一部の限られた典籍にしか触れられませんでしたが、環境史に繋がる史料のうち、できる限り多くの方が予備知識をお持ちの材料・よく知られた事柄に関わる原典を取り上げようと試みました。

そしてそれらについて、従来、解釈されてきた「正統派」儒学に根ざす読み方や、いわゆる生産力発展論を機軸とした社会経済史の素材としての扱われ方とは、多少異なる視点を導入してみました。一般に理解されている「農本主義と儒学の中国」以外の要素が仄見えるような読み方のご提案を試みたつもりですが、そこから、中国における人為と環境の変化を、大まかに辿っていただけたでしょうか。

中国大陸の大地は悠久でも、各時代の気候条件や人間のあり方は変遷してきました。自然環境に対応するだけでなく、それを改造する試みがあり、その改造には、穀物生産重視政策のような成功例も、適地適作主義を利用した貨幣・流通操作のような他地域では応用の難しい失敗例もあったのです。また、牧畜排除の華夷思想や、家庭内男女分業のように、対応策自体の持っているマイナス面が後世の社会に影響を及ぼした場合もあります。そのうち、対応策の情報が記録された場合、二千年以上続く漢字文化を有した中国では、乾地農法技術や有用樹木植樹政策のように、情報を蓄積して社会共通の智恵にする場合も生じましたが、記録者の側が、正確な情報を捉えきれなかった場合、畑作灌漑や区種法のように失敗の繰り返しも発生したといえましょう。

ここでは、本書に述べたような自然環境と人為との絡み合いの中で、中国では、農耕と牧畜・林業・漁業等とのバランスをどう取るかの苦心・苦闘が、とにもかくにも沙漠化を免れさせてきたらしい、とのみ、再度述べて、おしまいにしたいと思います。

参考文献

森安孝夫『シルクロードと唐帝国』（講談社、二〇〇七年）
増井経夫『中国的自由人の系譜』（朝日新聞社、一九八〇年）
ルイーズ・リヴァシーズ（君野隆久訳）『中国が海を支配したとき―鄭和とその時代』（新書館、一九九六年）
岸本美緒『世界史リブレット　東アジアの「近世」』（山川出版社、一九九八年）
上田信『森と緑の中国史』（岩波書店、一九九九年）
上田信『海と帝国』（講談社、二〇〇五年）
武内房司「清代貴州東南部ミャオ族に見る「漢化」の一側面―林業経営を中心に」（竹村卓二編『儀礼・民族・境界―華南諸民族「漢化」の諸相』、風響社、一九九四年）

あとがき

本書の表紙で用いた写真は全て、この三十年ほどの間に、私自身が中国各地を訪れて撮ったものです。一口に「中国」と言っても、八月でも戴く万年雪の下方に細かい裸土がむき出しの崑崙の峰々もあれば、遥かに続く草原に草を食む羊の群れや、意外にも残っている広葉・針葉樹混交林も見られ、澄んだ甘い清水の湧く泉もあれば、アルカリ塩の堆積する干潟も確かに存在します。灼熱の砂漠の廃墟から、磯の香漂う海辺までの五千キロの間には、見渡す限り様々な耕地も広がります。

こんな中国の自然環境に触れれば触れるほど、頻繁に見かける「中国史」「中国社会」「中国経済」「中国思想」といった「中国」という言葉を冠する用語が、この多様な実態の歴史・社会認識・経済事情・思想状況等々のどこまでを包括したものなのか、気がかりになるのです。

とはいえ、私自身、本書「はじめに」で大風呂敷を広げはしたものの、どれだけ、中国大陸における自然環境と人為との関わりについてご紹介できたか、覚束なく思います。中国大陸が、人間、それも大変な数の人々の居住可能な環境であり続けられたのは、夏季高温多雨な東アジアモンスーン気候の環境の下で、その雨量・気温等に適応した穀物栽培地中心の産業地理を形成してきたからだといえましょうし、そういう方針が「国家」の主流になるまでは、色々な人々の営みがあっただろう、ということは、お伝えしたかったのですが、成功しているでしょうか。また従って、必ずしも、農業生産の余剰とはいえない品々の交易が行われた可能性を示す事例や、この環境の中で、最大限の人口維持という政治・経済的要請を満たすべく、かなり意図的に「男女」や「華夷」の差異が作られた経緯についても、ご紹介したつもりではあるのですが……。そして、このような「中国」で生まれた社会維持の仕組みは、それを「学んだ」東アジア諸地域（むろん日本列島を含みます）の今日の社会にも、さまざまな影を落としているのですが……。

でも、英雄豪傑の勇壮な活躍をお伝えするには、かの「レッドクリフ」にも遠く及ばず、陶然たる紅花緑柳の情緒を描こうにも、唐詩などの筆には敵うべくもなく、また、現代中国の環境問題解決に向けた提言なども、何一つ致しませんでしたから、折角ここまでお読み下さっても、がっかりされたのではないか、と懼れています。

こんな不充分な書ですが、人間存在の継続を最大目標とした「中国」の智恵と人々の日々の苦闘とが、その成功・失敗を問わず、二十一世紀の中国大陸に多様な自然環境が出現する要因になった、という観点を、多くの方が共有して下さるきっかけになれば、と願います。

本書が生まれたのは、ひたすら大修館書店編集部・富永七瀬氏のご好意（モノズキ？というべきかもしれないのですが……）に負うものです。いわゆる「一般書」を刊行せよ、といった御忠告を、様々な方から頂戴してはきましたが、そして、二、三冊は書けそうな素材の準備も一往してはいたのですが、なかなか実現の機運に至りませんでした。〇八年七月、ある学会での報告をお引き受けし拙い話をした会場にお越し下さった富永氏が、熱心に勧めて下さってはじめて、本書が実現したのです。実のところ、〇八年十二月十五日の家父逝去を含むトラブル続きであった執筆・校正作業の過程でも、極めて懇切丁寧な編集者として私のわがままにお付き合い下さり、「面白い、面白い」と煽てて、作業継続を見守って下さったことに、お礼を申し上げます。

が、本書が現実のものとなるまでには、愚息や愚弟一家はさておき、洵に多くの方々から御助力を賜りました。〇五年十一月四日の家母逝去以降、勤務と家父介護の両立が必須となった私のさまざまな不行届きを、常に大目に見て戴いた勤務先や学界の知友は無論ですが、資料整理を手伝って下さった歴代のアシスタントさん、村上陽子・大川裕子・渋谷由紀・栗山知之・森和各氏（着任順）の気配りがなかったら、わが研究室に私の座りうる空間は無くなっていたかもしれません。看護師兼ケアマネージャーの開発寿美代さんをはじめとする初石訪問看護ステーションの皆様の、単なる介護行政の一環に留まらない家父への手厚い看護、友人・宇田川真弓さんの親身も及ばぬ家事への目配りがなければ、私が職に留まることは困難だったでしょう。そして、慈恵医大晴海トリトンクリニックの坂本要一所長、リフレッシュ15柏店の鎌崎真店長、三十年来のわが漢方主治医である荒木せい師と出会えなければ、今日まで私が生きてこられたかどうかさえ、覚束ないのです。

この場をお借りして、皆様に、深甚の謝意を述べることをお許し下さい。

想えば、「小糠三合の出来心」との見出しで、田舎での婿入りを前にした男がせめて土産物を、と歳末の郵便局強盗に及んだという事件を報道し、初めて編集局長賞を受賞して以来、数々の受賞記事を含めてマイクロフィルム四十二本に及んだ執筆記事が、全て庶民の視点からのものであった家父は、私の論文や著書を常に黙って読んではくれましたが、「学者センセイなんて……」が口癖だったのですから、実のところ飽き足りなかったのかもしれません。「あんたの書くものは、中身なんて一つも解らないけど、読んでいると何だか気分がスーッとする。今度は、夜寝る前に読める、やさしいものを書いて」と言ってくれた家母が、本書を読んでくれたら、どう思ったでしょう。

いまさら親不孝を嘆くこともできませんが、せめて、本書は、亡き父母に捧げたいと思います。

二〇〇九年五月　記

［著者略歴］
原 宗子（はら　もとこ）
慶応義塾大学文学部史学科卒業。学習院大学大学院修士課程修了、同博士課程単位取得。
学習院大学東洋文化研究所助手・研究員、流通経済大学経済学部助教授等を経て、現在同学部教授。博士（史学）。
主な研究分野は中国環境史。
著書に『古代中国の開発と環境―『管子』地員篇研究』（研文出版、1994年）、『「農本」主義と「黄土」の発生―古代中国の開発と環境・2』（研文出版、2005年）など。

〈あじあブックス〉
環境から解く古代中国

NDC222／xii, 255p／19cm

初版第一刷――2009年7月1日

著者――原 宗子
発行者――鈴木一行
発行所――株式会社大修館書店
〒101-8466 東京都千代田区神田錦町 3-24
電話03-3295-6231（販売部）03-3294-2354（編集部）
振替 00190-7-40504
［出版情報］ http://www.taishukan.co.jp

装丁者――下川雅敏
印刷所――壮光舎印刷
製本所――ブロケード

ISBN978-4-469-23306-3　Printed in Japan